服装高等教育"十二五"部委级规划教材（本科）

服装
实用技术
应用提高

女装结构设计与应用

尹 红 主编

金 枝 陈红珊 张植屹 副主编

中国纺织出版社

内 容 提 要

本书是服装高等教育"十二五"部委级规划教材。从人体结构与特征、人体测量方法和工具、服装专业术语和规范、日本新文化式服装原型及结构设计方法角度，深入分析女装衣身、袖、领、裙、裤的结构设计原理，并结合最新时尚潮流案例分析女装衣身的创意型结构设计的丰富变化。

本书图文并茂、通俗易懂，制图采用CorelDraw软件，绘图清晰、标注准确，有很强的理论性、系统性和实用性。可作为服装院校相关专业的教材，也可供服装相关技术人员的阅读参考。

图书在版编目（CIP）数据

女装结构设计与应用/尹红主编. —北京：中国纺织出版社，2015.7

（服装实用技术·应用提高）

服装高等教育"十二五"部委级规划教材.本科

ISBN 978-7-5180-1385-2

Ⅰ.①女… Ⅱ.①尹… Ⅲ.①女服—结构设计—高等学校—教材 Ⅳ.①TS941.717

中国版本图书馆CIP数据核字（2015）第026334号

策划编辑：李春奕　　责任编辑：杨　勇　　责任校对：余静雯
责任设计：何　建　　责任印制：储志伟

中国纺织出版社出版发行
地址：北京市朝阳区百子湾东里A407号楼　邮政编码：100124
销售电话：010—67004422　传真：010—87155801
http://www.c-textilep.com
E-mail:faxing@c-textilep.com
中国纺织出版社天猫旗舰店
官方微博 http://weibo.com/2119887771
北京通天印刷有限责任公司印刷　各地新华书店经销
2015年7月第1版第1次印刷
开本：889×1194　1/16　印张：9.25
字数：165千字　定价：35.00元

凡购本书，如有缺页、倒页、脱页，由本社图书营销中心调换

出版者的话

《国家中长期教育改革和发展规划纲要》中提出"全面提高高等教育质量","提高人才培养质量"。教育部教高〔2007〕1号文件"关于实施高等学校本科教学质量与教学改革工程的意见"中,明确了"继续推进国家精品课程建设","积极推进网络教育资源开发和共享平台建设,建设面向全国高校的精品课程和立体化教材的数字化资源中心",对高等教育教材的质量和立体化模式都提出了更高、更具体的要求。

"着力培养信念执著、品德优良、知识丰富、本领过硬的高素质专门人才和拔尖创新人才",已成为当今本科教育的主题。教材建设作为教学的重要组成部分,如何适应新形势下我国教学改革要求,配合教育部"卓越工程师教育培养计划"的实施,满足应用型人才培养的需要,在人才培养中发挥作用,成为院校和出版人共同努力的目标。中国纺织服装教育学会协同中国纺织出版社,认真组织制订"十二五"部委级教材规划,组织专家对各院校上报的"十二五"规划教材选题进行认真评选,力求使教材出版与教学改革和课程建设发展相适应,充分体现教材的适用性、科学性、系统性和新颖性,使教材内容具有以下三个特点:

(1)围绕一个核心——育人目标。根据教育规律和课程设置特点,从提高学生分析问题、解决问题的能力入手,教材附有课程设置指导,并于章首介绍本章知识点、重点、难点及专业技能,增加相关学科的最新研究理论、研究热点或历史背景,章后附形式多样的思考题等,提高教材的可读性,增加学生学习兴趣和自学能力,提升学生科技素养和人文素养。

(2)突出一个环节——实践环节。教材出版突出应用性学科的特点,注重理论与生产实践的结合,有针对性地设置教材内容,增加实践、实验内容,并通过多媒体等形式,直观反映生产实践的最新成果。

(3)实现一个立体——开发立体化教材体系。充分利用现代教育技术手段,构建数字教育资源平台,开发教学课件、音像制品、素材库、试题库等多种立体化的配套教材,以直观的形式和丰富的表达充分展现教学内容。

教材出版是教育发展中的重要组成部分,为出版高质量的教材,出版社严格甄选作者,组织专家评审,并对出版全过程进行跟踪,及时了解教材编写进度、编写质量,力求做到作者权威、编辑专业、审读严格、精品出版。我们愿与院校一起,共同探讨、完善教材出版,不断推出精品教材,以适应我国高等教育的发展要求。

中国纺织出版社

教材出版中心

前言

目前，服装设计高等教育朝着多样化的方向发展，这在一定程度上影响服装设计人才培养的定位，培养目标定位的差异也在一定程度上决定不同层次与类型的服装院校在其专业设置和教学定位的不同。艺术类高校根据服装产业的发展状态、人才需求情况，其服装设计专业的人才培养模式定位于以培养应用型人才为主，加强学生实践能力培养，对服饰行业的工作流程有一定的认知，具有较强的将所学知识、所掌握技能通过产品化来体现的能力，成为适应社会的高素质应用型专门人才。

基于这样的人才培养模式，针对服装设计类艺术专业学生，本书以第八代的日本新文化式服装原型为基础进行服装结构设计原理剖析，并结合时尚创意板型设计，为服装设计类学生进行创作提供大量的参考案例。

原型法一直作为一种简单、实用的服装结构设计方法，在服装界得到广泛的应用和推广。由于地域相邻，人种体型相同、文化相近等诸多原因，日本文化式服装原型在我国得到广泛的运用。最近，日本文化服装学院推出的新文化式服装原型即第八代文化式服装原型与目前国内正在使用的第七代文化式服装原型相比有显著的变化。第七代文化式服装原型较宽松，而第八代文化式服装原型则较合体，准确地再现人体曲线，造型自然完美。虽然第八代文化式服装原型制图趋向繁复，但非常方便于女装结构设计的丰富变化。因此，本书主要基于第八代的文化式服装原型进行女装的结构设计和应用的分析。

本书系统、全面地剖析服装结构的内涵，由浅入深，注重实践，清晰易懂。教师在教学的安排上，可以从系统的讲解到演示，引导学生由模仿到创造，重点强化培养学生的结构创新能力。现代的服装设计是由款式设计、结构设计、工艺设计三个部分组成，社会要求服装设计师必须懂得板型设计，而板型设计师必须熟知服装的工艺设计，因此，不论学科的需要还是市场的需求，开设服装结构设计及应用的课程是服装设计教学中必不可少的一个环节。该课程的教学可以采用循序渐进的教学方式，教学初期以示范教学为主，可根据市场的要求进行规范而严谨的实用装的结构设计，让学生熟练掌握服装结构设计严谨规范的过程，教学中后期主要是让学生发挥自己的主动性和创造性，从审视自己的服装效果图，到分解和细化服装的结构，尝试原创服装的结构设计和板型设计，探寻服装的可实施性，从而培养学生具有从款式造型到结构、板型设计的能力。

在该教材的编写过程中，编者吸收了国内外结构设计的研究成果，结合自己的研究，尽量以深入浅出的方式展现给读者。在本书的写作中，主编主持制定全书的大纲，并统改全部稿件。主编：尹红；副主编：金枝、陈红珊、张植屹。写作的具体分工为：　第一章：张植屹、尹红；第二章：尹红；第三章：金枝；第四章：陈红珊、尹红。感谢广西艺术学院张天阳、敬静、上官丽婉、陈琪、刘文慧、谭欣、覃童丹、甘子旋等同学的描图工作，感谢广西科技大学艺术学院金枝老师不厌其烦的修改！

　　由于编写时间仓促，书中尚有不尽如人意之处，期待着专家和读者对本书提出宝贵的意见。

编者

2014年12月

教学内容及课时安排

章/课时	课程性质/课时	节	课程内容
第一章 （12课时）	理论讲授操作示范 （12课时）	·	**女装结构设计的前期准备**
		一	人体测量与服装
		二	服装制图规范
		三	服装结构设计方法
		四	制图工具的准备
第二章 （12课时）	理论与实践教学 （60课时）	·	**日本文化式女装原型**
		一	服装原型的类型
		二	日本新文化式女装原型
第三章 （48课时）		·	**女装结构设计原理与应用**
		一	衣身结构设计原理与应用
		二	衣领结构设计原理与应用
		三	衣袖结构设计原理与应用
		四	裙装结构设计原理与应用
		五	裤装结构设计原理与应用
第四章 （36课时）	实践案例 （36课时）	·	**女装结构设计实例**
		一	上衣的结构设计
		二	裙装的结构设计
		三	裤装的结构设计

注　各院校可根据自身的教学特色和教学计划对课程时数进行调整。

目 录

理论讲授操作示范——

女装结构设计的前期准备

课题名称: 女装结构设计的前期准备

课题内容: 1. 人体体型特征

2. 服装人体测量与尺码标准

3. 女装结构设计方法

4. 服装效果图、服装款式的结构分析

课题时间: 课堂教学8课时、调查实践4课时

教学目的: 1. 让学生在学习中深入理解和体会服装与人体的关系。

2. 让学生掌握女装结构设计的方法从而能从效果图来分析女装的结构。

教学方式: 理论讲授,操作示范。

教学要求: 1. 掌握人体体表特征和测量方法。

2. 了解服装号型系列。

3. 要求学生掌握女装结构设计的方法。

4. 服装效果图与结构设计的关系。

5. 要求学生掌握结构制图所需要的工具。

课前准备: 结构设计的工具,服装效果图。

第一章 女装结构设计的前期准备

第一节 人体测量与服装

任何服装都是在人体的基础上进行设计的，因此，要进行准确合理的服装造型设计必须先了解人体的基本构造和体型特征。

一、人体的结构

（一）人体的基本构造（图1-1）

人体的构造是由200多块骨骼、600多块肌肉组成。人体可分为头部、颈部、躯干和四肢，躯干包括肩部、胸部、背部、腰部、腹部和臀部；四肢包括上肢部和下肢部。

人体各部位都是由骨骼、关节、肌肉及表皮皮肤等组成。骨骼是人体的基础支撑，它决定了人体体型的形状、大小和比例。骨骼的端点称为骨点，是我们认识人体体型特征和进行人体尺寸测量的重要部位。关节是人体运动的枢纽，它的活动特征对服装的构成有着重要的影响作用。肌肉、皮肤及脂肪是人体表面形态的决定因素，肌肉的发达程度、脂肪的堆积多少对人体体型塑造有着重大的影响。了解和掌握体型特征是服装造型设计的前提，准确的人体尺寸测量是服装合体裁剪的基础和保障。

关于人体的结构、机能等在解剖学、生理学的各领域中已有专门的研究体系。从服装学角度来看，本章主要从服装的立场来进行必要的人体观察，涉及内容包括：人体与服装的互穿特性、人体的骨骼、肌肉、皮肤的移动等。

1. 头部

人体头部的造型呈后上部凸出的蛋形，头部的长度占身高的比值随年龄的增加而减小，一般童年期为1：4左右，青年期为1：6左右，成年期为1：7.5左右，头部与颈部相连，其运动范围较广，可以前俯后仰、左右偏转。

2. 颈部

颈部与胴体部的界线为，从颈围的前中心点开始沿左右的肩颈点，再与颈围后中心点（第七颈椎点）相连接的曲线。这与原型的领窝线基本一

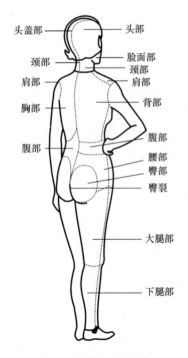

图1-1 人体的基本构造

致。颈部根据不同的运动，其颈根周围的形状变化非常大。

因此在服装的构成中，款式设计不必多言，机能性的一面也必须要考虑。

3. 肩部

把胴体放入立方体内后，就被前面、后面、侧面、上面、下面所围住。肩部属于上面，但并没有明显的界线，要以脖颈的粗细或胳膊的厚度为基准。也就是说，所谓的肩线就包含在其中，是服装构成中的重要线条。但是在体表解剖学中，没有肩部的区分，它是颈部的一部分。

4. 胸部、背部

解剖学上的胸部是指包括前面和后面的胸围的整体，而在服装构成中，应把胸部的后面称作"背部"更贴切些，因此，就特别提出来，那么，在前面的胸部与后面的背部之间的界线，就在体厚的中央（侧缝线）线上。乳房根据人种、年龄的不同，形状、大小差别非常大，特别是在女装中，无论是从前身的造型说，还是从审美的角度看，都是服装构成的重要因素之一。

5. 腹部

人的腹部是骨盆和胸部之间的身体部分。在解剖学上，腹部从胸底的横隔膜直到骨盆的真假骨盆界限。

6. 腰部

人体的胯上肋下的部分，分布在脊柱的两侧，介于髋骨和假肋之间。

7. 上肢

上肢与胸部和颈部相接，与颈部的分界为颈部的下界，与胸部的分界为三角肌前后缘与腋前后壁中点的连线。上肢由近至远分为五部分，即肩部、臂部、肘部、前臂部和手部。肩部可分为胸前区、腋区、三角肌区与肩胛区。臂部、肘部和前臂部各又均分为前区和后区。手部分为腕、手掌和手指，手指又各分为掌侧及背侧。

8. 下肢

下肢是指人体腹部以下部分。包括臀部、股部、膝部、小腿部和足部。股部分为前区、内区和后区。膝部分为前区、后区。小腿部分为前区、外区和后区；足部分为踝、足背、足底和趾。

（二）人体的骨骼（图1-2）

人体的骨骼，成年人由200余块形状各异、长度不同的骨头组成。骨头由各个关节相连接，在上面附着筋与肌肉，通过肌肉的伸缩使骨头加以活动。人体骨骼主要分为9个区域：脊柱、胸骨、上肢骨、肩胛骨、锁骨、骨盆、髋骨、大腿骨、膝盖骨等。

（三）骨的连接（图1-3）

1. 关节

由2个或2个以上形成骨骼的骨头，组合成相连接的地方叫关节。人体所有的动作都是通过关节的运动来进行。

2. 关节的构造

一般是一方的骨端突出，形成关节头，另一方的一端凹进去，形成关节窝，这样组合而成。

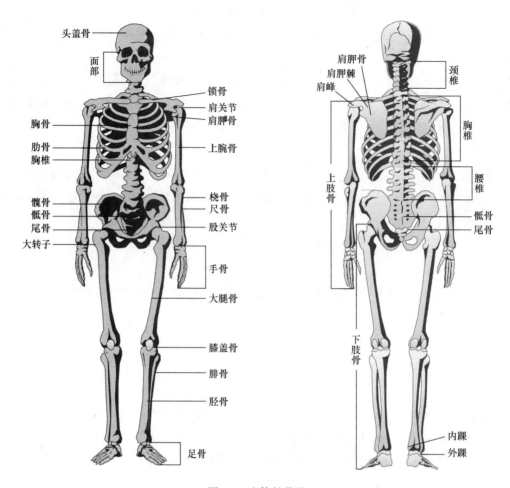

图1-2 人体的骨骼

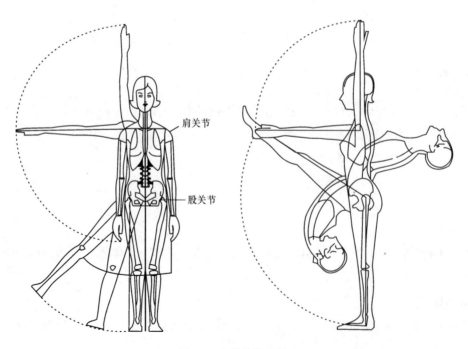

图1-3 人体的骨连接

（四）人体的肌肉（图1-4）

1. 肌肉的组成

肌肉主要由肌肉组织构成，非常柔软且富有弹性。肌细胞的形状细长，呈纤维状，故肌细胞通常称为肌纤维。它附着在2个或2个以上的骨头上。它的作用是，由收缩肌（屈肌）和伸长肌（伸肌）组成，通过相互运动来带动骨头，使人体产生运动。也就是无论哪一方的肌肉一收缩，就由关节动带动了骨头动作，同时，另一方的肌肉就伸开。

2. 胸锁乳突肌

颈部肌肉中的一种，是使颈部活动的唯一肌肉。可以使头部向后转、颈部向左右转动等。

3. 大胸肌

几乎覆盖了胸部前面的大块肌肉，像展开的扇形，它是上肢在胸前做大幅度运动时的主力肌。特别是在靠近上肢的地方，正是前腋点的位置，由于运动的产生，大胸肌变形是相当大的，因此，皮肤的移动也很大。

4. 斜方肌

在胴体的背部，以脊柱为中心的菱形平肌。从颈部到肩部、背部，广泛地覆盖着背部的上方，其中一部分成为肩部造型的基础。

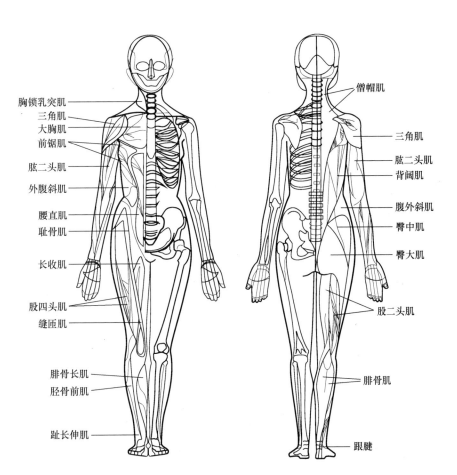

图1-4　人体的肌肉

5．背阔肌

大面积覆盖背部下方的肌肉。它的上端达到了上腕骨水平的位置，与大胸肌一起成为使大臂起牵引作用时的主力肌肉。

6．三角肌

像三角布式的包住肩关节，组成肩部圆弧形体的肌肉。

7．臀大肌

组成臀部造型的肌肉。

二、人体的测量

要做出合体的服装，就要测量着装人的身体尺寸，取得正确的数值，是做出合体服装的关键前提。一般使用皮尺来测量人体的各部位长度，下面介绍一下人体的计测点。

要进行正确的人体测量，就要求在测体前找准测定部位，尤其是要正确定出颈围的各计测点和肩端点、腰围线的位置等。

（一）用具

使用软卷尺、腰带（用斜纹织布或腰衬）、笔等。

在腰带宽的中间画入一条醒目的线，绕腰带一周。准备腰带的时候，要比实际的腰围尺寸长出5~10cm较为合适。被测体者要穿上紧身衣（里面穿胸罩和吊袜松紧带），穿上鞋，系好腰带，以极自然的姿势站立。这样测量的尺寸，作为制作套装和大衣等时的基本尺寸（净体尺寸）。

（二）进行人体测量所需要测量的项目

（1）胸围：立姿，自然呼吸，用软卷尺测量经肩胛骨、腋窝和乳头所得的最大水平围度（图1-5）。

（2）腰围：立姿，自然呼吸，用软卷尺测量肋部与髂嵴之间最细部所得的水平围度（图1-6）。

（3）臀围：立姿，用软卷尺测量大转子处（股骨）臀部最丰满处所得的水平围度（图1-7）。

（4）腹围：测量腹部最丰满处水平一周的围度尺寸。

（5）臂根围：通过前后腋点、臂根底点及肩端点测量手臂与躯干交界线的长度尺寸。

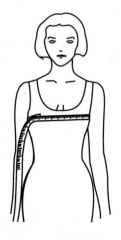
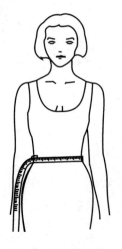

图1-5　胸围的测量　　　　　　图1-6　腰围的测量　　　　　　图1-7　臀围的测量

（6）上臂围：上臂最丰满处水平一周的围度尺寸。

（7）手腕围：手腕处一周的围度尺寸。

（8）手掌围：五指自然伸直，手掌摊开手掌最宽处一周的围度尺寸。

（9）头围：通过额头中央、耳朵上方及后脑部突出处一周的围度尺寸。

（10）颈根围：通过前、后颈围中心点及左右肩颈点、颈根处的围度尺寸。

（11）肩宽：从左肩端点自然通过后背上部至右肩端点的水平弧长。

（12）后背宽：用软卷尺测量后背的左后腋点与右后腋点之间的距离。

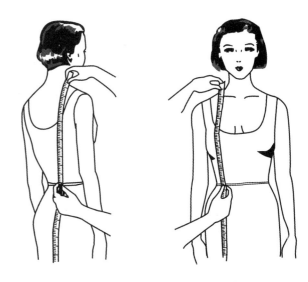

图1-8 前腰节长和后腰节长的测量

（13）前胸宽：用软卷尺测量前胸左前腋点与右前腋点之间的距离。

（14）乳距：立姿，自然呼吸，用软卷尺测量两乳峰点间所得的距离。

（15）背长：从颈后点（BNP）自然沿着后脊柱至腰围线的距离。

（16）后腰节长：颈肩点（SNP）自然通过后背至腰围线的距离（图1-8）。

（17）前腰节长：从颈肩点（SNP）自然通过胸部至腰围线的距离。

（18）胸高：从颈肩点（SNP）至胸点（BP）的距离。

（19）腰至臀长：立姿，用软卷尺在体侧测量自腰围线沿臀部曲线至大转子点（股骨）所得的距离。

（20）袖长：自肩端点（SP）沿手臂通过肘部至手根点或袖口线的距离。

（21）衣长：自颈后点（BNP）自然通过背部至衣长线的距离。

（22）裤长：腰围线至外踝点或裤脚口线的侧面距离。

（23）裙长：①腰围线至所需裙长线的侧前距离。②（连身裙）自颈后点（BNP）至所需裙长线的距离。

（24）上裆长：上裆长也叫直裆深、股上长，是由腰围线到臀沟（股上点）之间的距离。测量时，被测者坐在硬面椅子上挺直坐姿，从腰围向下量至椅面的垂直距离即为直裆深。

以上尺寸测量项目并不是在每件服装上都被涉及，对于不同款式的服装，应选择所需要的部位进行尺寸测量。在进行尺寸测量的时候，同时观察被测者的体型特征，如挺胸、驼背、平肩或溜肩等并予以记录，以便能更准确地进行服装的结构设计。

三、服装动态和静态放松量的参数变化

（一）人体静态尺度

人体静态是指人自然垂直站立的状态。这种状态所构成的固有体型数据标准就是人体静态尺度。其中包含3个参数：

（1）肩斜度是指肩端点至颈根点的直线与水平线所形成的夹角，女性为20°，男性为21°。

（2）颈斜度是指人体的颈项直线与垂直线形成的夹角，女性为19°，男性为17°。颈斜度是由人体

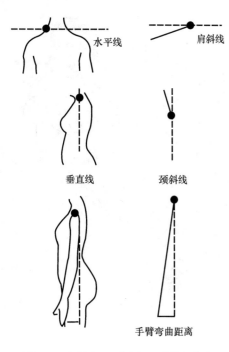

图1-9　肩斜度、颈斜度和手臂弯曲度

平衡关系决定的。女性的颈项前倾，男性的颈项竖直，所以，女性颈斜度大于男性颈斜度。

（3）手臂弯曲度即手臂下垂时前倾尺寸，是指手腕宽度的中点到过肩端点垂直线的水平距离。人体自然直立时，手臂呈稍向前弯曲的状态。手臂下垂时前倾尺寸是制作合体袖的重要尺寸（图1-9）。

（二）人体动态尺度

其中包含4个参数：

（1）腰脊关节的活动尺度，其测定是以人体的自然直立状态为准，腰脊前屈80°，后伸30°，左右侧屈35°，旋转45°。由此可见，人体腰脊前屈时的幅度比较大，而且前屈活动的机会较多。因此，在结构设计上，后身要增加运动量，前身则要多考虑减量而平整和美观。

（2）髋关节和膝关节的活动尺度，是以大转子尺度为基准。如以两腿垂直地面设定0°为标准，髋关节前屈120°，后伸10°，外展45°，内收30°；膝关节后屈135°，前伸0°，外展45°，内收45°。

（3）肩关节和肘关节的活动尺度，以人体自然直立的手臂状态为0°开始，肩关节上举180°，后伸60°，外展180°，内收75°；肘关节前屈150°，后伸0°。因此，人体的上肢主要是向前运动。

（4）颈部关节的屈伸及左右侧倾角都是45°，转动的幅度为60°，这是设计连衣帽款式的重要参数标准。

第二节　服装制图规范

一、服装号型

面对日益增长的服装需求，成衣生产已经在服装产业中占了极大的比重。服装号型正是为适应成衣生产而建立的。

《服装号型》标准是国家技术监督局颁布的国家技术标准，它是经全国性抽样测体调查，在取得大量数据经统计分析，并结合实际经验和需要得出的一种具有线性规律的人体尺寸。它是设计批量生产成衣规格的依据，以号型表示。号是指身高，包含各控制部位的长度值，是设计服装长度规格的依据。型是指净胸围或净腰围，包含各控制部位的围度值，是设计服装围度规格的依据。号型的设置是以中间标准体为中心，依次向两边递增或递减来组合。

《服装号型》标准分男、女、儿童3大系列（其中儿童不区分体型）。每一系列中身高均以5cm分档（其中儿童以10cm分档），胸围以4cm分档，腰围以4cm、2cm分档，此外，男女体身高与净胸围的搭配各组成5.4系列，身高与净腰围搭配各组成5.4、5.2系列。幼童的身高与净胸围搭配组成10.4系列，大童的系列组成基本上与成人相同。

《服装号型》标准根据调查的数据，对男体和女体分别区分成Y、A、B、C四种体型，以胸腰差值大小反映之，见表1-1。

表1-1 体型分类 单位：cm

体型分类代号	Y	A	B	C
类型	瘦体型	标准体型	微胖体型	胖体型
胸腰差	19~24	14~18	9~13	4~8

成年女子中间标准体：身高160cm，净胸围84cm，净腰围66cm，体型特征为"A"型。号型表示方法：上装 160 / 84A，下装160 / 66A。

中间标准体是在人体测量调查中筛选出来，是最具有代表性的人体数据。所以在服装工业制板过程中，样衣的设计都是以中间标准体尺寸规格为依据。因此，必须弄清楚中间标准体的各个部位尺寸，设计制作好中间标准体样板，为服装工业样板的缩放打好基础，才能制作出高质量的全套工业样板。

二、结构制图符号

（一）部位代码

在进行服装结构设计时，为了制图的清晰明了，一般会采用部位代号，取各部位英文单词的第一个字母为代码，如胸围（Bust）代号为"B"、长度（Length）代号为"L"。有时会用到"B*"或"H*"，这表示是加了放松量后的胸围量和臀围量，见表1-2。

表1-2 结构制图主要部位代码

序号	中文	英文	代号
1	长度	Length	L
2	头围	Head Size	HS
3	领围	Neck Girth	N
4	胸围	Bust Girth	B
5	腰围	Waist Girth	W
6	臀围	Hip Girth	H
7	横肩宽	Shoulder	S
8	领围线	Neck Line	NL
9	前中心线	Front Center Line	FCL
10	后中心线	Back Center Line	BCL
11	上胸围线	Chest Line	CL
12	胸围线	Bust Line	BL
13	下胸围线	Under Burst Line	UBL

序号	中文	英文	代号
14	腰围线	Waist Line	WL
15	中臀围线	Middle Hip Line	MHL
16	臀围线	Hip Line	HL
17	肘线	Elbow Line	EL
18	膝盖线	Knee Line	KL
19	胸点	Bust Point	BP
20	颈肩点	Side Neck Point	SNP
21	颈前点	Front Neck Point	FNP
22	颈后点	Back Neck Point	BNP
23	肩端点	Shoulder Point	SP
24	袖窿	Arm Hole	AH
25	袖长	Sleeve Length	SL
26	袖口	Cuff Width	CW
27	袖山	Arm Top	AT
28	袖肥	Biceps Circumference	BC
29	裙摆	Skirt Hem	SH
30	脚口	Slacks Bottom	SB
31	底领高	Band Height	BH
32	翻领宽	Top Collar Width	TCW
33	前衣长	Front Length	FL
34	后衣长	Back Length	BL
35	前胸宽	Front Bust Width	FBW
36	后背宽	Back Bust Width	BBW
37	上裆（股上）长	Crotch Depth	CD
38	股下长	Inside Length	IL
39	前腰节长	Front Waist Length	FWL
40	后腰节长	Back Waist Length	BWL
41	肘长	Elbow Length	EL
42	前裆	Front Rise	FR
43	后裆	Back Rise	BR

（二）服装制图线条的形式、名称及主要用途（表1-3）

表1-3　服装制图线条的形式、名称及主要用途

线条形式	线条名称	主要用途
——————————	粗实线	（1）服装和零部件轮廓线 （2）部位轮廓线
————————	细实线	（1）服装裁剪图的辅助线 （2）结构变化前的基础线 （3）标注线
— — — — — — — —	虚线	（1）处在下层的轮廓线 （2）明缉线
— · — · — · —	点划线	对称连折的线，如领中心线，后中心线等
— ·· — ·· —	双点划线	折转的线，如驳口线

（三）服装制图的符号、名称及主要用途（表1-4）

表1-4　服装制图的符号、名称及主要用途

符号形式	符号名称	主要用途
	等分线	表示该段距离平均等分
	等长线	表示两线段长度相等
	等量	表示2个或2个以上的部位等量
	省缝	表示这一部位需缝合
	褶裥	表示这一部位有规则折叠，斜丝方向表示褶裥方向
	缩缝	表示这一部位需要吃拢或抽紧
	直角	表示两条直线互相垂直相交

续表

符号形式	符号名称	主要用途
	经向	单箭头表示布料经向排放有方向性，双箭头表示布料经向排放无方向性
	拼合	表示两个部位拼合一致
	归拢	表示该部位熨烫后收缩
	拔开	表示该部位熨烫后伸展、拔长
	重叠	表示两部件交叉重叠且长度相等

三、制图部位名称

制图部位及结构线的名称，如图1-10所示。

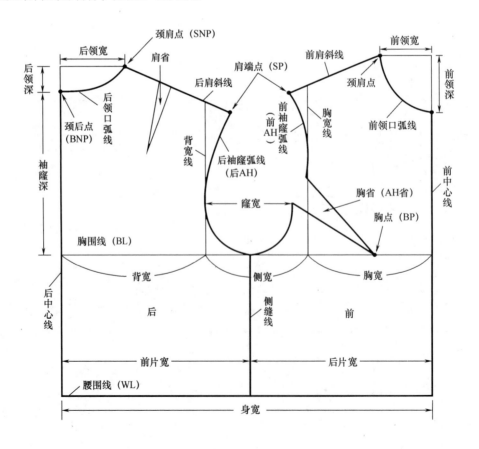

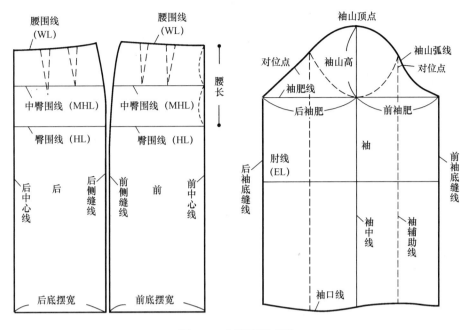

图1-10　制图部位名称

第三节　服装结构设计方法

一、立体裁剪

立体裁剪是利用试验布料、坯布等，直接覆在代替人体的人台（也叫假人、模型架）上，在造型的同时剪掉多余的部分，并用大头针固定，从而使设计具体化的方法。立体裁剪不仅可以实现设计效果图的造型要求，有时在操作过程中，还可以结合面料的风格和物理特性，进行再创作和再设计。

二、平面制图

平面制图是将已经设计好的服装在想象中立体化，利用预先测量获得的人体计测值，绘制成立体形态对应的平面展开图的方法，涉及难度较高的图形学计算等方面的内容。现在普遍使用的"原型"制图法，由于其本身是包裹人体尺寸和形态的最基本的服装，同时很多院校都在教授其使用方法，相对来说，是一种应用较为普遍的纸样制图方法。

三、服装效果图与款式结构分析

纸样设计的方法，必须首先确立服装款式，纸样设计的意义并不在于它本身，而必须估计、预测到服装的各部分组合成的立体效果。因此，纸样设计是一个从平面到立体，再从立体到平面的三维空间思维过程。那么，基本纸样形成前所依据的服装款式，可以说是纸样设计变化的造型形式基础。

（一）初步确立平面纸样设计的立体概念

在完成基本纸样后，如果不使其成为一个完整的立体形态，就不能脱离纸样抽象性，对其测量、放松量等就难以理解。因此，初步确立平面纸样设计的立体效果图是必要的，把标准基本纸样制作成立体效果，并由同等尺寸的对象试穿，在观察中加深对平面纸样的立体理解，同时可以验证基本纸样的准确性、适体度和它与人体的造型关系，建立女装最基本的立体概念与形态。

（二）掌握纸样设计的基本放松量

基本纸样中的放松量，是满足人正常呼吸和运动的用量，而基本纸样未成为基本造型状态之前，是没有任何意义的。制作基本造型，可以使设计者懂得基本造型的放松量处在一种中间状态的效果，即内衣和外套之间，因此，它使设计者得到一般服装纸样（从内衣到外套）放松量设计的参数和经验。

（三）基本造型线的确立

人体是一个复杂的、运动的个体，服装既是一种保护物，也是一种传递情感、文化、审美信息的载体。因此，基本纸样所构成的基本造型结构，是否能顺应这个基本规律，基本造型的结构线和省是对人和服装结合的最合理显现，同时，也成为设计者在功能与审美设计中的最初结构依据。

（四）认识基本结构原理

基本纸样的造型，可以说是一种合身设计的一般状态，由此可以懂得省的基本余缺处理方法、范围及穿着功能的设计规律，从而确立合理设计的基本原理。总之，基本造型是指导设计者完善纸样设计的一种综合造型设计最初实验过程，可见造型设计并非空洞的想象，而是依据它的基本结构而演变的，这样可以得到由立体造型贯穿的纸样设计思维的过程。通过这个思维过程可以看出，服装设想的立体效果图无论变化多大，但万变不离其宗，通过纸样设计，使平面和立体更完好地结合在一起，如图1-11所示。

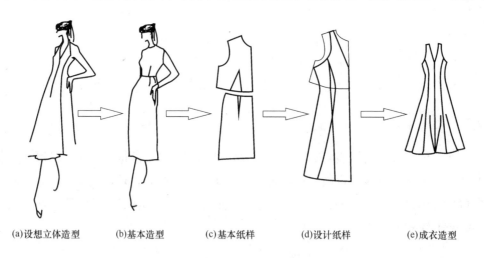

(a)设想立体造型　　(b)基本造型　　(c)基本纸样　　(d)设计纸样　　(e)成衣造型

图1-11　服装从效果图到结构设计的过程

第四节　制图工具的准备

制图工具一般分为结构制图工具和样板制作工具，了解和掌握每种工具的功能及使用方法，对于提高制图和制板水平是十分必要的（图1-12）。

一、工作台

工作台是指服装设计者专用的桌子，不是车间用于裁剪的台子，通常是制板和裁剪单件服装时用的，即制样衣台面。桌面要平，大小在长120cm，宽90cm，高80cm为宜。总之，工作台要能容纳整张打板纸的面积。

二、纸

服装样板用纸应有一定的强度和厚度，因为服装裁片前的样板，应是标准化和规范化的生产样板。强度保证了减少反复使用的损耗，厚度则保证纸样多次复描时的准确。现今，运用最多的样板纸是牛皮纸、卡纸和拷贝纸。

（1）牛皮纸：一般作为打板辅助用纸，用于画1:1的裁剪图、制作纸样等。

（2）卡纸：一面灰色粗糙，一面白色，价格较便宜；白色两面均光滑的白卡纸价格较贵，一般用于生产用样板的制作。

（3）拷贝纸：用于拷贝弧线及剪切的纸样部分等。

（4）记录纸（本）：记录制图的规格尺寸。

三、笔

（1）铅笔：要用在绘图上，因此要使用专门的绘图铅笔，常用的型号有2H、H、HB、B和2B。绘制1:1的样板时，基础线选用H或HB型，结构线选用2B型。在缩小制图时，基础线可用H型或2H型，结构线用HB型。

（2）记号笔：在绘制1:1的样板时，用记号笔做标记、纱向符号、文字说明和规格号型说明等。

（3）针管笔：用于企业技术资料的保存，因为碳素墨水绘制资料图保存时间较长。一般我们常用的针管笔型号有0.3mm、0.6mm、0.9mm三种型号，在缩小制图中分别用于基础线、尺寸标注和结构线的绘制。

（4）蜡笔：有多种颜色，笔芯是蜡质，它主要用于特殊标记的复制，如将纸样中的袋位、省尖等复

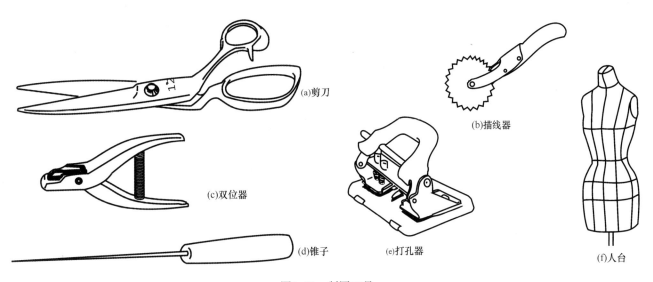

图1-12 制图工具

制到布料上。

（5）划粉：主要用于把纸样复制到布料上。

四、尺

常用的尺有直尺、比例尺、三角尺、软卷尺和曲线尺。

用有机玻璃制成的直尺最佳，这样的话，制图线可以不被遮挡。常用的直尺有20cm、30cm、50cm和100cm等长度。比例尺主要用在纸样设计缩图和笔记练习上，它可省时间和纸张，常用1∶5规格的比例尺。用有机玻璃制成的三角尺效果最佳。软卷尺必须带有cm刻度，长度一般为150cm，主要用于量体和制样中弧长的测量等用途。此外，曲线尺是帮助初学者完成曲线绘制所用工具，例如袖窿弧线、领口曲线和下摆线等。在等比例纸样绘制中，应该不依赖曲线尺，操作者使用直尺，依据设计者的理解及想象的造型完成曲线部分，这是服装设计者的基本功。

五、剪刀

剪刀应选择缝纫专用的剪刀，是服装裁剪必备的工具。有24cm、28cm和30cm等规格。剪纸和剪布的剪刀要分开使用，特别是剪布料的剪刀要专用。

六、其他

除上述工具以外，还有圆规、锥子、打孔器、描线器、透明胶带、大头针、人台等。这些工具在工业纸样的绘制中不能缺少。

本章小结
- 要进行准确合理的服装造型设计必须先了解人体的基本构造和体型特征。
- 服装结构设计制图要符合规范。
- 女装结构设计的方法有立体裁剪和平面制图两种方法。
- 审视女装效果图，初步确立平面纸样设计的立体概念，掌握纸样设计的基本放松量，确立基本的造型线，认识基本结构原理，然后进行女装结构设计。

思考题
1. 要求学生互相测量身体各部位的尺寸，并做好记录。
2. 要求学生到市场上调查女装使用的号型系列。
3. 要求学生从实践中感受一下立体裁剪和平面制图的不同。
4. 服装效果图与结构设计的差异。

日本文化式女装原型

课题名称：日本文化式女装原型

课题内容：1.服装原型的类型

2.日本新文化式女装原型

课题时间：课堂教学12课时

教学目的：掌握日本新文化式女装原型的绘制方法。

教学方式：理论讲授，操作示范。

教学要求：1.让学生掌握服装原型的类型和特点。

2.要求学生自如绘制日本新文化式女装原型。

课前准备：绘图工具。

第二章　日本文化式女装原型

　　服装结构设计，是在原型基础上进行的。依据不同服装品种的规格，只需制作中间标准体的原型，然后进行服装结构变化制图，制作样板。其他号型的样板，可以利用推板技术进行放大或缩小来获得。

　　原型是进行服装结构制图和变化的基础，只有利用某种服装制图方法，制作出准确、规范的各种原型，掌握服装结构设计的原理，才能随心所欲地对变款服装进行结构变化制图。本章内容主要叙述服装原型的概念、分类及服装原型的制作方法。

第一节　服装原型的类型

一、服装原型的渊源

　　服装原型的诞生，是早期立体裁剪的产物，它最早出现于欧美，近半个世纪以来，发达国家的服装样板设计，大都采用服装原型应用技术，尤其是女装板型设计。

　　日本是东方最早研究服装原型的国家，中国与日本人的体型很相近，文化式服装原型在我国的传播和应用较为广泛，由于其制图方法简单易学，结构原理浅显易懂，便于省道的转移和结构的变化，于是成为许多服装专业院校的结构教育课程，国内许多服装专业院校也派人前往日本文化服装学院进修学习。20世纪90年代，国内一些服装学院结构老师结合我国人体特征，变化出了不同的中国式原型。

二、服装原型的概念

　　所谓原型是指各种变化之前的基本形式或形态。服装原型是指符合人体原始状态的基本形状，符合人体基本穿衣要求的、没有款式特点的最基本的服装纸样，它是通过人体调查、立体裁剪和反复试样得到的，也是服装构成与样板设计的基础。

三、服装原型制板法

（一）服装原型制作

　　先是选定一系列的体型作为研究对象，选用特定的布料，在人体上直接进行立体剪裁造型，然后一边缝制一边调整，反复对比，进行综合，当然还经过多方面的研究改进和长期的使用调整，最终确定一种纸样：胸围肥瘦适宜，各种比例搭配恰到好处，其效果是一般立体剪裁难以达到的，是立体剪裁的最佳结果。将会使用到的这个纸样，作为服装制板的模板，也就进一步确立服装和人体之间的基本关系，根据这个关系去进一步处理不同款式的服装纸样，从而发现采用这种纸样进行服装结构变化的基本方法，形成一个完整的体系，所需要的服装原型和原型制板方法就这样诞生了。有了原型，服装每一个部位的裁剪就都有根据。有这个根据，也就不会发生服装结构设计的混乱。

（二）原型制板法

原型制板方法，在国外已经有非常成熟的体系，在我国越来越被服装界人士看重。日本文化式原型由于创立得早，经过许多次修订，体系较为成熟。日本人体型与中国人体型很接近，我们完全可以借用。使用原型制板有以下优点。

1. 解决服装加放量的确定问题

原型的加放量是一个较可信赖的参照，它通过立体试样，反复修正而得，又经过长期试用而确定下来，非常好地符合了理想人体的基本穿衣要求，基本解决立体裁剪中的量化处理难题。

2. 解决平面制板中的立体塑型问题

由于原型是立裁和试样的结果，其领口、肩、袖等都直接从人体获得，并反复校对，使制板者在制板时能够通晓服装与人体之间的基本关系，有可以信赖的参照，使制板者一边对照原型，一边画纸样，很容易、直接、量化地在制板中全面与人体对比，形成紧密联系人体的制板方法，提高了制板速度，也提高了制板质量。

3. 给平面服装结构设计提供了一个源头

服装结构应该以人体为依据，但是人体是实体，不是服装，不能直接作为服装结构的源头，只能作为间接的源头。直接的源头只能是作为人体着装基础反应的原型纸样。原型纸样总结抽象出服装结构的一般规律，形成平面的表达方式，能直接为平面结构设计所用。有了这个源头，就能解决复杂的问题。

四、服装原型的种类

（一）按原型制图法分类

原型制图法分为：胸度法制图、短寸法制图和并用法制图。胸度法制图是指测量穿着者胸围、背长、袖长等很少的几个尺寸，以胸围为基准，计算其他平面结构制图所需的尺寸。短寸法制图是指对人体的各部位进行精密测量，用测量数值制图的方法。并用法制图是指胸度法和短寸法并用的制图方法。

（二）按原型构成时的立体形态分类

原型构成时宽松量的加放不同，造成服装的空间形态不同，因此按原型构成时的立体形态可以把原型分为梯型、箱型和合贴型三类，如图2-1所示。

（三）按原型使用对象年龄、性别分类

人体因年龄、性别不同，各部位长度的平衡和形体的变化也不同，因此，原型便根据年龄和性别的差异化分成不同的种类，可分为男装原型、女装原型和童装原型。

（四）按被覆部位不同分类

我们穿着的衣服，是由几个部分缝合而成，每一部分都可以构成不同的样板。因此原型可分为下半

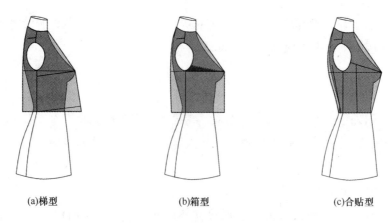

(a)梯型　　　　　　　　　(b)箱型　　　　　　　　　(c)合贴型

图2-1　按原型构成时的立体形态分类

身、上半身、上肢等几个构成部位，根据设计的需要，赋予它各种变化而形成系列样板。上半身原型称为衣身原型，下半身原型称为裤原型、裙原型，上肢原型称为袖原型等。

（五）按使用原型品种分类

根据服装的种类不同，原型又可以分为衬衫原型、西装原型和大衣原型等。

（六）按放松度不同分类

根据放松度不同，原型可分为紧身原型、半紧身原型和宽松原型。布料与体表几乎完全接触的紧身原型，布料与体表稍有间隙的半紧身原型，腰省未缝合时的状态，称为宽松原型或松身原型。

五、原型制图法与比例制图法的比较

（一）原型制图法与比例制图法的差异

原型实质上是把立体人体平面展开后加上基本放松度而成的一般服装基型，如日本文化式原型其胸围就是在人体净胸围尺寸上加放了10cm的宽松量。原型制图所使用的尺寸是净体尺寸，加放量则根据设计的不同需要体现在制图之中，在原型的基础上适当放缩定寸，便可得出不同款式。利用服装原型进行服装的结构设计，其过程比较直观，科学性较强，最大特点是合理地确定胸省的位置，正确地处理胸省间的转换，巧妙地运用胸省变化手法理想地解决女装变化的关键，适应各种服装款式和体型的变化。它没有繁琐的公式要死记硬背，只要弄通原理和方法，就能对各类服装的裁剪做到融会贯通，得心应手，尤其适合于合体性强的女装裁剪，服装款式造型变换比较灵活。它不仅适合于单件服装的制作，同样适合于大批量生产。但原型裁剪法也存在一定的缺点，如不能在面料上直裁，要先打纸样，裁剪过程需两步到位，随意设计仍有一定局限性。

比例制图法是我国服装的传统制图方式，比例法的各部位加放量是在量身时就加进测取的尺寸中，在测量时就可以看到加放宽松量后的服装大小，其优点是学会一款便可裁剪，可在面料上直裁，其缺点是难以突破外观造型设计，难以实现服装造型变化，因为比例裁剪法出发点多以服装为本，而不是人体。一般经验公式多为单一定型服装设定，很难适应变化较大的服装造型，其经验公式只能在一定条件下保持科学性。

总言而知，每种方法都有它的利弊，可以在使用原型法的同时，融入比例制图法的精华。

（二）日本文化式原型制图与我国比例制图法的结合

在国际上，大部分先进国家的服装制图都是用原型法，但由于原型在使用上不能直接裁剪，而且胸围放松量与袖窿深分两步确定，与我国传统习惯不符，因此，原型法不能全盘照搬，而且比例制图法在我国运用多年，我们可以吸收精华运用在一些传统的服装款式当中，如西裙、西裤套用公式，简单正确，并可以在布料上直接裁剪，方便快捷。而一些结构复杂花哨的女装，可以运用原型进行结构设计，将两者的优点结合，活跃设计者的思维。

第二节　日本新文化式女装原型

一、新文化式女装原型的部位名称（图2-2、图2-3）

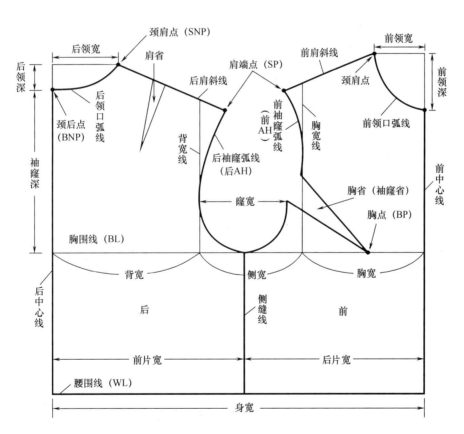

图2-2　新文化式女装原型衣身的部位名称

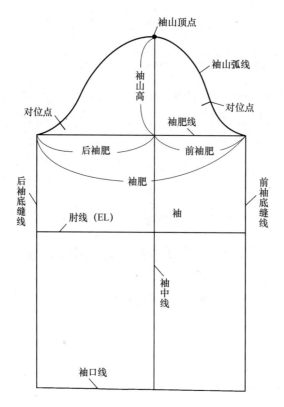

图2-3　新文化式女装原型袖的各部位名称

二、日本新旧文化式女装原型比较

新文化式女装原型是在旧文化式女装原型基础上结合现年轻人体型更丰满、曲线更优美的特征，以及旧文化式女装原型在理解和应用上不方便而推出的。新文化式女装原型的廓型是箱型，胸省的量不随胸围大小而异，符合女性体型实际情况，新文化式女装原型的胸省量较旧文化式女装原型的胸省量明显增大，前后胸节差也明显增大，符合现代女性体型，腰省分配更合理，与人体间隙均匀，便于特殊体型的修正（图2-4）。

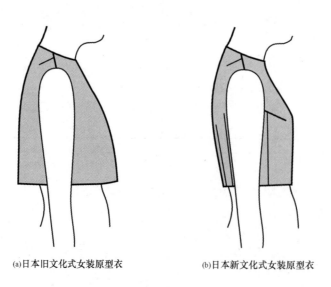

(a)日本旧文化式女装原型衣　　　　　　　(b)日本新文化式女装原型衣

图2-4　日本新旧文化式女装原型衣比较

三、日本新文化式女装原型衣身的结构制图

（一）结构制图方法

胸度法，利用胸围和背长进行制图，同时以右半身状态为参考。

（二）结构制图尺寸（表2-1）

表2-1 结构制图尺寸

单位：cm

部位	胸围（B）	背长	腰围（W）	袖长（SL）
尺寸	84	38	66	52

（三）结构制图

1. 结构制图规则

结构制图的程序一般是先画衣身，后画部件；先画大衣片，后画小衣片；先画后衣片，后画前衣片。对于具体的衣片来说，先画基础线，后画轮廓线和内部结构线。在画基础线的时候，一般是先横后纵，即先定长度，后定宽度，由上而下，由左而右进行。画好基础线后，根据轮廓线的绘制要求，在有关部位标出若干工艺点，最后用直线、曲线和光滑的弧线准确地连接各部位定点和工艺点，画出轮廓线。

2. 绘制衣身画基础线步骤如下（图2-5~图2-9）

步骤①：以a点为颈后点向下取背长38cm作为后中心线。

步骤②：画腰围水平线WL，并确定身宽（前后中心线之间的宽度）$B/2+6$cm。

步骤③：从a点向下取$B/12+13.7$cm确定胸围水平线BL，并在BL上取$B/2+6$cm。

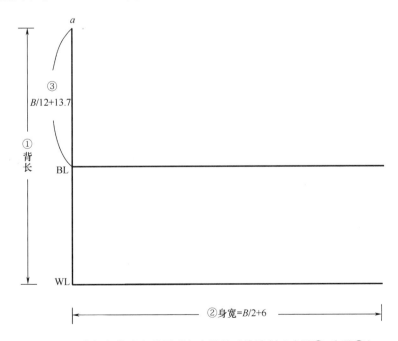

图2-5 日本新文化式女装原型衣身的基础线绘制（步骤①~步骤③）

步骤④：垂直于腰围水平线WL画前中心线。

步骤⑤：在胸围水平线BL上，由后中心线向前中心线方向取背宽线$B/8+7.4$cm确定c点。

步骤⑥：经c点向上画背宽线。

步骤⑦：经a点画水平线与背宽线相交。

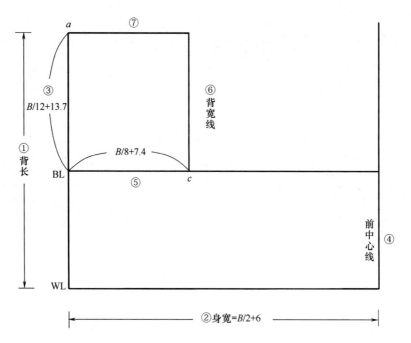

图2-6　日本新文化式女装原型衣身的基础线绘制（步骤④~步骤⑦）

步骤⑧：由a点向下8cm处画一水平线与背宽线相交于d点。该水平线段的中点向背宽方向取1cm确定为e点作为肩省省尖点。

步骤⑨：线段c、d的中点向下0.5cm确定一点，从该点作水平线g′线。

步骤⑩：在前中心线上从BL线向上取B/5+8.3cm，确定b点。

步骤⑪：通过b点画一条水平线。

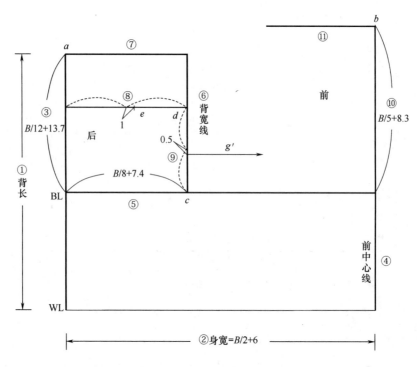

图2-7　日本新文化式女装原型衣身的基础线绘制（步骤⑧~步骤⑪）

步骤⑫：在BL线上由前中心线取胸宽为$B/8+6.2$cm，并由胸宽的中点位置向后中心线方向取0.7cm作为BP点。

步骤⑬：画垂直的胸宽线，形成矩形。

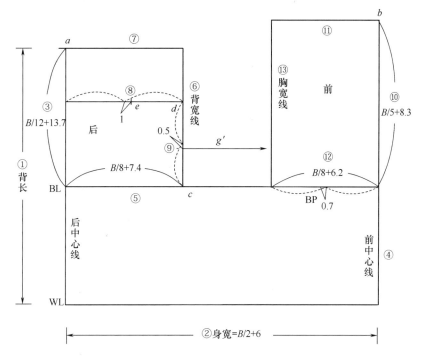

图2-8　日本新文化式女装原型衣身的基础线绘制（步骤⑫、步骤⑬）

步骤⑭：在BL线上，沿胸宽线向后取$B/32$作为f点，由f点向上作垂直线与g'线相交得g点。

步骤⑮：沿cf的中点向下作垂直的侧缝线。

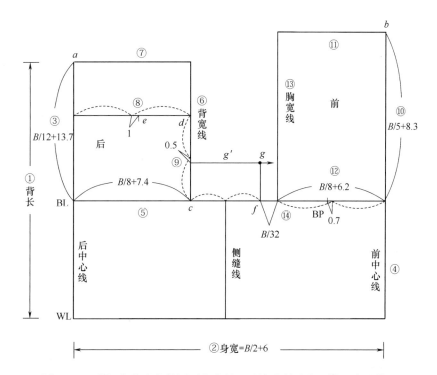

图2-9　日本新文化式女装原型衣身的基础线绘制（步骤⑭、步骤⑮）

3. 绘制衣身轮廓线步骤如下（图2-10~图2-17）

步骤①：绘制前领口弧线：由b点沿水平线取B/24+3.4cm（前领口宽），得颈肩点（SNP）。由b点向下取前领口深⊙+0.5cm画领口矩形，依据对角线的参考点画圆顺前领口弧线。

步骤②：绘制前肩斜线：以颈肩点为基准点取22°的前肩倾斜角度，与胸宽线相交后延长1.8cm形成前肩长度▲。

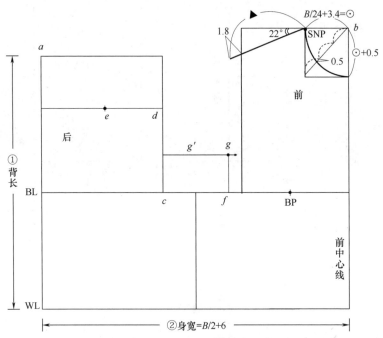

图2-10　日本新文化式女装原型衣身的前领口弧线、前肩斜线绘制（步骤①、步骤②）

步骤③：绘制后领口弧线：由a点沿水平线取⊙+0.2cm（后领口宽），取1/3后领口宽作为后领口深的垂直长度，并确定SNP点，画圆顺后领口弧线。

步骤④：绘制后肩斜线：以SNP点为基准点取18°的后肩倾斜角度，在此斜线上取▲+后肩省（B/32-0.8cm）作为后肩长度。

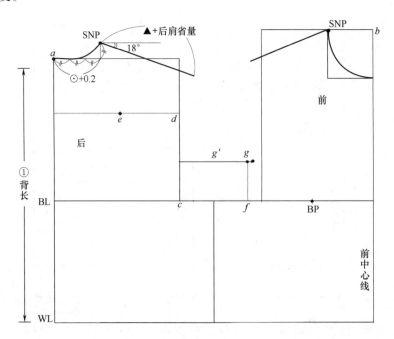

图2-11　日本新文化式女装原型衣身的后领口弧线、后肩斜线绘制（步骤③、步骤④）

步骤⑤：绘制后肩省：通过e点，向上作垂直线与后肩斜线相交，由交点向肩端点方向取1.5cm作为省道的起始点。并取B/32-0.8cm作为后肩省量，连接省道线。

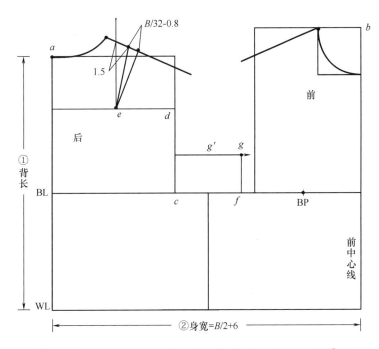

图2-12　日本新文化式女装原型衣身后肩省的绘制（步骤⑤）

步骤⑥：绘制后袖窿弧线：由c点作45°斜线，在斜线上取●+0.8cm作为袖窿参考点，以背宽线作袖窿弧切线，通过肩端点经过袖窿参考点画顺后袖窿弧线。

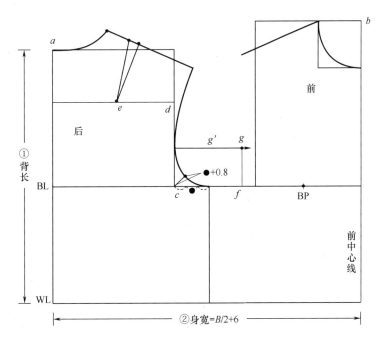

图2-13　日本新文化式女装原型衣身的后袖窿弧线绘制（步骤⑥）

步骤⑦：绘制前胸省：由f点作45°斜线，在线上取■+0.5cm作为袖窿参考点，经过袖窿深点、袖窿参考点和g点画圆顺前袖窿弧线的下半部分。以g点和BP点连线为基准线，向上取（B/4-2.5cm）°夹角为胸省角度。

步骤⑧：通过胸省长的位置点与肩端点画顺袖窿弧线的上半部分，注意胸省合并时袖窿弧线要圆顺。

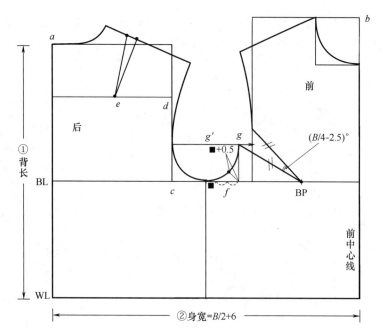

图2-14　日本新文化式女装原型衣身的前胸省、前袖窿弧线绘制
（步骤⑦、步骤⑧）

步骤⑨：绘制腰省（图2-15）：

*i*省：由BP点向下2~3cm作省尖，向下作WL垂线作省道中心线。

*j*省：由*f*点向前中心线方向取1.5cm作垂直线与WL线相交，作为省道中心线。

*k*省：将侧缝线作省道中心线。

*l*省：参考*g'*线的高度，由背宽线向后中心线方向取1cm，由该点向下作垂线交于WL线，作省道中心线。

*m*省：由*e*点向后中心线方向取1cm，通过该点作WL线垂直线，作为省道中心线。

*n*省：将后中心线作为省道的中心线。

腰省总省量=（*B*/2+6cm）−（*W*/4+3cm），各省量以总省量为依据参照比率计算，以省道中心线为基准，在其两侧取等分省量。

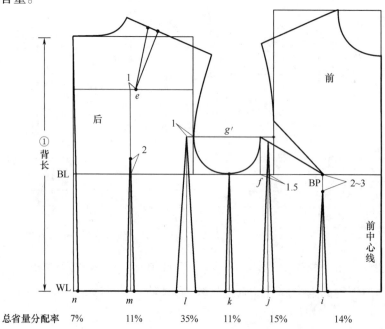

图2-15　日本新文化式女装原型衣身的腰省绘制

步骤⑩：日本新文化式女装原型衣身完成图（图2-16）。

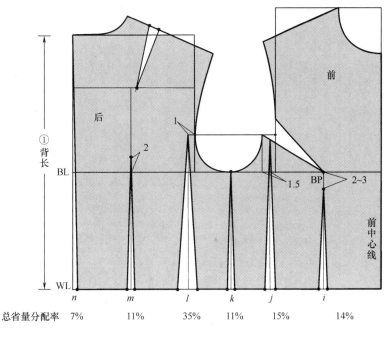

图2-16　日本新文化式女装原型衣身图

四、日本新文化式女装原型袖的结构制图

（一）结构制图方法

将上半身原型袖窿省闭合，以此时前后肩端点的高度为依据，在衣身原型的基础上绘制袖原型。

（二）袖子结构制图

1. 绘制基础线步骤如下（图2-17）

步骤①：拷贝衣身原型的前后袖窿，将前袖窿省闭合，画圆顺前后袖窿弧线。

步骤②：确定袖山高：将侧缝线向上延长作为袖中线，并在该线上确定袖山高。

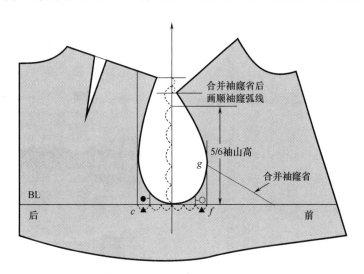

图2-17　合并袖窿省，画圆顺袖窿弧线

方法是计算由前后肩端点高度的1/2位置点到BL线之间的高度，即前后肩均高，取其5/6作为袖山高。

步骤③：确定袖肥（图2-18）：由袖山顶点开始，向前片的BL线取斜线长等于前AH，向后片的BL线取斜线长等于后AH+1cm+★（不同胸围对应不同★值），核对袖长后画前后袖下线。

2. 绘制轮廓线的步骤如下

步骤①：将衣省袖窿弧线上●至P之间的弧线拷贝至袖原型基础线上，作为前、后袖山弧线的底部（图2-19）。

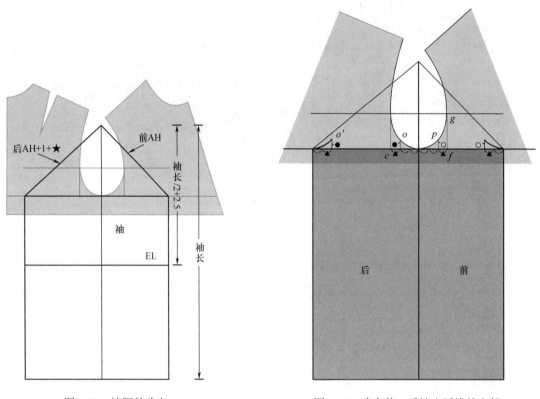

图2-18　袖肥的确定　　　　　　　图2-19　确定前、后袖山弧线的底部

步骤②：绘制前袖山弧线（图2-20）：在前袖山斜线上沿袖山顶点向下取AH/4的长度，由该位置点作袖山斜线的垂直线，并取1.8~1.9cm的长度，沿袖山斜线与g线的交点向上1cm作为袖山弧线的转折点，经过袖山顶点和两个新的定位点及前袖山底部p'点画圆顺前袖山弧线。

步骤③：绘制后袖山弧线（图2-21）：在后袖山斜线上沿袖山顶点向下量取前AH/4的长度，由该位置作后袖山斜线的垂直线，并取1.9~2cm的长度，沿袖山斜线和g'线的交点向下1cm作为后袖山弧线的转折点，经过袖山顶点、两个新的定位点及后袖山底部o'画圆顺后袖山弧线。

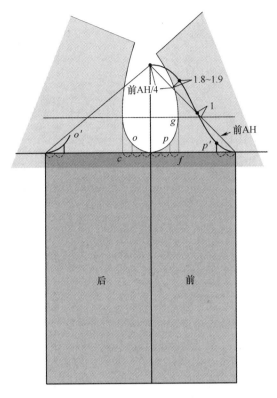

图2-20　前袖山弧线的绘制

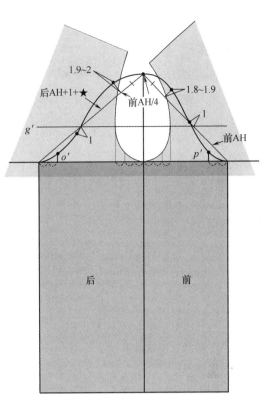

图2-21　后袖山弧线的绘制

步骤④：确定对位点（图2-22）：

前对位点：在衣身上测量侧缝至g′线的前袖窿弧线长，并由前袖山底部向上量取相同的长度确定前对位点。

后对位点：将后袖山底部o′点作为后对位点。

步骤⑤：袖原型完成图（图2-23）。

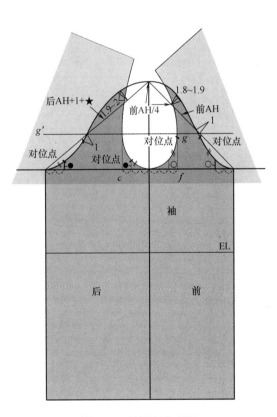

图2-23　袖原型完成图

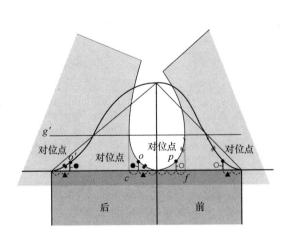

图2-22　对位点的确定

本章小结

■ 服装原型制图法与服装原型的种类。

■ 服装原型制图法与比例制图法的区别。

■ 日本新文化式女装原型的结构制图。

思考题

要求学生按160/84A制作1：5和1：1的日本新文化式女装原型。

理论与实践教学——

女装结构设计原理与应用

课题名称：女装结构设计原理与应用

课题内容： 1. 衣身结构设计原理与应用

2. 衣领结构设计原理与应用

3. 衣袖结构设计原理与应用

4. 裙装结构设计原理与应用

5. 裤装结构设计原理与应用

课题时间：课堂教学48课时

教学目的：让学生掌握女装结构设计的原理和方法。

教学方式：理论讲授，操作示范。

教学要求：要求学生掌握女装各个部位的结构设计的原理和方法。

课前准备：日本新文化式女装原型1：5和1：1的纸样。

第三章 女装结构设计原理与应用

第一节 衣身结构设计原理与应用

一、衣身结构基本理论

衣身是覆盖于人体躯干部位的服装部件，是女装结构中最重要的部分。由于人体躯干部分没有规律，起伏变化明显，呈复杂的不规则立体形态。衣身形态既要与人体曲面相符，又要与款式造型一致，故衣身结构是最重要的服装结构部分。怎样将二维的面料变成吻合人体特征的三维成品服装呢？收省、抽褶、打裥、分割等结构处理，是用来塑造符合人体的三维服装造型最好的方法。而口袋、门襟、扣位、撇胸等的合理设计不仅能丰富衣身的结构，还具有良好的装饰作用。

（一）省道

1. 省道的概念

省道是指在平面裁片转化为立体服装的过程中，将浮余量沿凸起部位方向捏合所形成缝合线迹。是服装进行立体构成的重要手段，解决服装的浮起余量问题。在服装上，很多部位的结构都可以用省道的形式来表现，其中应用最多、变化最丰富的是女装前衣身的省道，它以女性人体的BP点为中心，为满足人体胸部隆起、腰部内凹的形体特征而设置的。省道能够体现人体胸腰的曲线。

2. 省道的分类

（1）按省道的形态分类（图3-1）：

①锥形省：省道形状类似锥形形状的省道，常用于圆锥形曲面，如腰省。

②钉子省：省道形状类似钉子形状的省道，常用于服装肩部和胸部，如肩省。

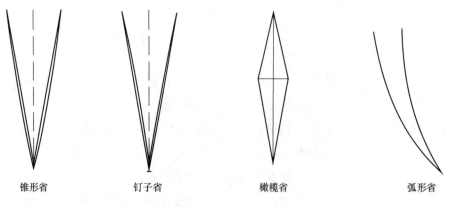

锥形省　　　钉子省　　　橄榄省　　　弧形省

图3-1 省道形态分类

③橄榄省：省道的形状是两端尖，中间宽，其形状类似橄榄，常用于上装的腰身。

④弧形省：省道形状为弧形状的省道，是一种兼具装饰性与功能性的省道。

（2）按照省道所在服装部位分类（图3-2）：

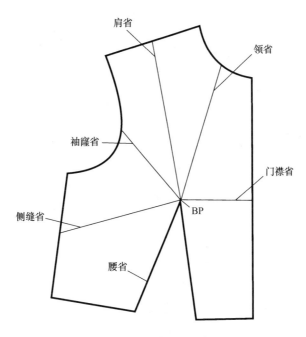

图3-2　省道部位分类

①肩省：省底边在肩缝部位的省道，分前、后肩省，前衣身的肩省是为了体现胸部隆起的形态，后衣身肩省是为了体现肩胛骨凸起形态。

②领省：省底边在领口部位的省道。主要作用是体现胸部和背部的隆起形态以及作出符合颈部形态的衣领设计。它具有隐蔽的优点。

③袖窿省：省底边在袖窿部位的省道，分前、后袖窿省，前衣身的袖窿省体现胸部形态，后衣身的袖窿省体现背部形态。常做成锥形省。

④侧缝省：省底边在衣身侧缝线上，也称腋下省。

⑤腰省：省底边在腰节部位的省道，常做成锥形省。

⑥门襟省：省底边在前中心线上，由于省道较短，常被抽褶形式取代。

3. 省道的功能

从结构上考虑，省道主要有以下基本功能：

（1）省尖部位能形成锥面形态（经熨烫处理即变成柔和球面），使之更符合人体表面，如肩省、领省等。

（2）能调节省尖所在部位和省底边所在部位的围度差值，如西裤的后腰省就起到调节腰臀差的作用。

（3）通过省道设置，有利于实现连通目的。如设置胸腰省有助于上下身局部连通。

（二）褶裥

1. 褶裥的概念

为了使服装款式造型富有变化，增添服装艺术情趣，不但可以将一个省道分解为诸多省道，也可以用服装结构中的抽褶、打裥、塔克等其他形式来代替。褶、裥、塔克也是服装艺术造型的主要手段，能够增加外观的层次感和体积感，结合造型需要，使衣片不但适合于人体，而且给人体较大的宽松量，又能做更多附加的装饰性造型，增强服装的艺术效果。

2. 褶裥的分类

褶裥一般由3层面料组成——外层、中层、里层。褶裥的两条折边分别称为明折边和暗折边。一个褶裥可以由3层同样大小的面料组成，也可以由外层、中层、里层不同大小的面料组成。前者称为深褶裥，后者称为浅褶裥。褶裥的表现形式比省道活泼，能消除省道给人的刻板感觉。

褶裥的结构处理方法实质是扩大了服装衣片的面积，将人体不可展曲面近似作为可展曲面。这种结构形式的采用扩大了服装结构设计的可能性。

（1）按形成褶裥的线条类型分类：

①直线裥：褶裥的上下两端折叠量相同，其外观形成一条条平行的直线。常用于衣身、裙片的设计。

②曲线裥：褶裥的折叠量由上至下渐渐变化，形成一条条连续渐变的弧线。具有良好的合体性，能满足人体胸、腰、臀之间的曲线变化，只不过缝制及熨烫工艺比较复杂。

③斜线裥：褶裥的上下两端折叠量不同，但是变化均匀，外观形成一条条分散的射线。常用于裙片设计。

（2）按形成褶裥的外观形态分类：

①阴裥：指同时相对朝内折叠，褶裥底在下的褶裥。

②阳裥：指同时相对朝外折叠，褶裥底在上的褶裥。

③顺裥：指向同一方向打折的褶裥，即可向左折倒，也可向右折倒。

④立裥：面料之间没有折叠，只是通过熨烫定型，形成了立体的褶裥效果。

3. 塔克的分类

塔克是指将折倒的褶裥部分或全部用缝迹固定。按缝迹固定的方式不同，塔克可分为：

（1）普通塔克：指将折倒的褶裥沿其明折边用缝迹固定。

（2）立式塔克：指将折倒的褶裥沿其暗折边用缝迹固定。

（三）分割线

1. 分割线的概念

分割是指将衣片整体划分为若干组成部分，也可以说是省道结构变化设计的另一种形式。与褶裥设计采用的结构原理相同，但呈现的外观效果不同。分割线条特有的方向性和运动性，赋予服装丰富的内容和表现力。服装结构设计中，服装分割线的形态多样，有纵向分割线、横向分割线、斜向分割线、弧形分割线等，此外还常采用具有节奏旋律的线条，如螺旋线、放射线等。

2. 分割线的分类

分割线具有装饰和分割形态的功能，对服装造型和合体性起着主导作用。归纳起来，分割线可分为装饰性分割线和功能性分割线两大类。

（1）装饰分割线：是指为了造型的需要，附加在服装上起装饰作用的分割线，分割线所处部位、形态、数量的改变会引起服装造型外观的变化，但不会引起服装整体结构的改变。

在不考虑其他造型因素的前提下，服装的韵律美是通过线条的横、弧、曲、斜，力度的起、伏、转、折与节奏的活、巧、轻、柔来表现。女装大多喜欢采用曲线型的分割线。

（2）功能分割线：是指分割线具有适合人体体型及加工方便的工艺特征。功能分割线的设计不仅在于要设计出款式新颖、美观的服装造型，还要具有多种实用的功能。如公主线设计，它不仅显示出人体侧面的曲线之美，而且也降低了成衣加工的难度。

功能分割线具有两个特征：一是为了适合人体体型，以简单的分割线形式，最大限度地显示出人体轮廓的曲面形态；二是以简单的分割线形式，取代复杂的湿热塑型工艺，兼有或取代收省的作用。

（四）口袋、门襟与撇胸

1. 口袋概念与分类

口袋是服装的主要附件，其功能是插手和装盛物品，并有点缀装饰功能。口袋的款式很多，常见的有大袋、小袋、表袋、里袋、装饰袋等。按结构可以分为以下三类。

（1）贴袋：用面料缝贴在服装表面上的一种口袋。可分为缉装饰明线和不缉明线两种，并可以制作成尖角形、圆角形、不规则形等各种几何形状。在童装中还可以将贴袋做成各种仿生形图案，能很好地适应儿童的心理特征。其造型包括暗裥袋、明裥袋、袋中袋、有盖、无盖和子母袋等。

（2）挖袋：在衣片上剪出袋口尺寸，内缝袋布。其缝制工艺形式包括单嵌线、双嵌线、箱型口袋等，有的还装饰各种式样的袋盖。从袋口形状分，有直列式、横列式、斜列式、弧形式等。常用于礼服、西服、便装等。

（3）插袋：也叫缝内袋，一般是在服装分割线中留出的口袋，如女装与腰省相连的分割缝上的插袋、裤子侧缝插袋、中式上衣的边插袋等。这种口袋隐蔽性好，也可缉明线、加袋盖或镶边等。

2. 门襟的概念与分类

门襟是为服装的穿脱方便而设计的，其形式多种多样，可设计在服装的很多部位。日常装大部分都设计在前中心处，原因是这个部位具有方便、明快、平衡的特点。开襟部位还可以设置在肩部、后中心处等。

门襟的形式多样，按照是否有搭门，可分为搭襟和对襟两种，搭襟是指具有搭门的门襟形式，分为左右两襟，两襟重叠在一起的部分叫搭门（也叫叠门）；对襟是没有搭门的开襟形式，一般适用于短外套，可以在止口处配上装饰边，用线扣襻固定。按照门襟的形状，可分为直线襟、斜线襟和曲线襟等。按照开襟的长度可分为全开襟、半开襟等。此外还可以分为暗门襟与明门襟。

3. 撇胸的概念与设计

撇胸是指前衣片领口在前中心处去掉的部分。它是衣身结构变化中不可忽视的问题，特别是对于合体式服装，尤为重要。由于人体胸部自胸围线附近向外隆起，与胸部垂直线有个夹角。如果将布料覆盖于人体胸部，在领口的前中心处就会出现多余的布料，将多余的布料剪去或缝掉，才会使该部位平服，而这部分的量就是撇胸的量，它实际是胸高量的一部分。运用原型变化服装时常将胸凸省道转移一部分量作为撇胸。

二、衣身结构设计原理

（一）省道设计

1. 省道的性质

（1）省道个数、形态的设计：根据省道的分类可以知道，省道可以根据人体曲面的需要围绕BP点或者肩胛骨凸起进行多方位的省道设置。设计省道时，形式可以是单个集中的，也可以是多方位分散的。可以是直线形，也可以是曲线形、弧线形。

单个集中的省道由于省道缝去量大，往往形成尖点，影响外观造型。多方位的省道由于各方位省道缝去量小，使省尖造型较为平缓，美观性较好。但在实际应用中，还需要根据造型以及面料特性决定省道个数与形态。

（2）省道部位及省道量的设计：从理论上说，只要对准省尖点的省道角度相同，不同部位的省道能起到同样的合体效果。但实际上，不同部位的省道影响着服装外观造型形态，这取决于不同的体型和不同的服装面料。如肩省更适合胸围较大而肩宽较窄的体型，而腋下省与袖窿省则更适合胸部较扁平的体型。从功能结构上讲，袖窿省只有胸部造型的单一功能，而肩省兼有肩部造型和胸部造型两种功能，胸腰省兼有胸部造型和收腰两种功能。

省道量的设计是以人体各截面的围度量的差值为依据的，差距越大，人体曲面形成的角度越大，面料覆盖于人体时产生的余褶就越多，即省道量越大，反之省道量越小。

（3）省尖点的设计：省尖点一般与人体隆起部位相吻合，但由于人体曲面变化是平缓的而不是突变的，故实际缝制的省尖点只能对准某一曲率变化大的部位，而不能完全缝制至曲率变化最大点上。如前衣身对准BP点的省道，肩省一般距离BP点5～7cm，袖窿省和腋下省一般距离BP点3～4cm，腰省一般距离BP点2～3cm等。

2. 省道转移

省道转移是指一个省道可以被转移到同一衣片上的其他部位，而不影响服装的尺寸和适体性。省道的转移设计是遵照凸点射线的形式法则进行。根据造型需要，一个省道通过转移可以分散成若干个小省道，也可以将一个方向的省道转移为另外一个方向的省道。

（1）运用原型进行纸样省道转移的原则：

①在服装合体效果一定的前提下，省道转移后，新省道的长度与原省道不同，但对准省尖点的角度是不变的。由于服装面料具有很强的可塑性，因此实际收省角度比计算角度小。并且随着服装贴体程度的不同，收省量也随之不同。

②当新省道不通过原省尖点时，应尽量设计通过该尖点的辅助线，使两者相连，便于省道转移。

③无论服装款式造型怎样，省道转移都要保证衣身的整体平衡，一定要使前、后衣片在腰节线处保持在同一水平线上。否则将会影响制成样板的整体平衡和尺寸的准确性。

（2）省道转移的方法：

①比值量取法：将前浮余量在袖窿省的角度（新文化原型省道在袖窿处）进行比值转换，常用$10:x$，$15:x$。用该量在其他需要转移的省道位置进行量取，省尖对准BP点，画图时注意省边等长（图3-3）。

②旋转法：以省尖点为旋转中心，以其中一条省边线为不动边，另一省边线为转动边，让衣身旋转一个省角的量，将省道转移到新省位处，省道总张角大小不变（图3-4）。

③剪开折叠法：在纸样上确定新的省道位置，然后在新的省位处剪开，将原省道的两省边折叠使剪开的部位张开，张开量的多少即是新省道的量。新省道的剪开形式可以是直线，也可以是曲线，可以是一次剪开，也可以是多次剪开（图3-5）。

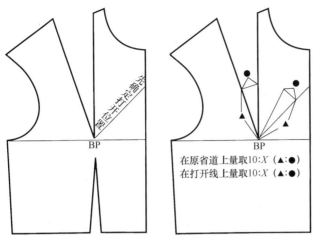
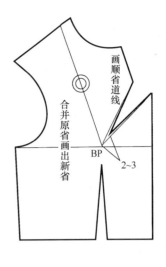

图3-3 比值量取法的省道转移

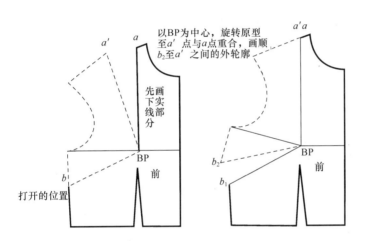
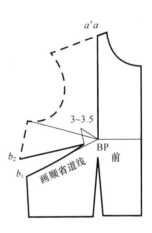

图3-4 旋转法的省道转移

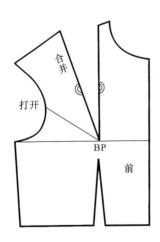
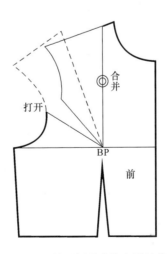

图3-5 剪开折叠法的省道转移

（二）褶裥、塔克设计

服装结构设计中抽褶、打裥、塔克的处理方法与省道转移方法类似，可以分为旋转法和剪开法。

1. 旋转法

确定打裥的部位，以BP点为中心，旋转衣身原型纸样，转出的省宽即为打褶裥的量。此方法适用于褶裥量为前身浮起余量的款式。

2. 剪开法

在褶裥量为前身浮起余量的原型基础上，按照打褶裥的方向将纸样剪开，并根据款式要求，拉展出一定的褶裥量。在打裥设计中，这种方法应用广泛。

（三）分割线设计

分割线设计主要分为过凸点的分割线设计和不过凸点的分割线设计两种。

1. 过凸点的分割线设计——连省成缝设计

服装要贴体，往往需要在服装的纵向、横向、斜向等方向作出各种形状的指向凸点的省道，但在一个衣片上设计过多的省道会影响成品的外观、工艺效率和穿着舒适度。结构设计中，在不影响款式造型的基础上，经常将相关联的省道用缝份来代替，称为连省成缝。连省成缝的形式主要有缝份和分割线两种，其中又以分割线为主。缝份的形式主要有侧缝、后背中心缝等；分割线的形式主要有公主线、刀背分割线、背育克线等。

进行连省成缝设计时，要遵循一些基本原则：

（1）省道在连接时，应该尽量考虑连接线通过或接近该部位曲率最大的结构点，以充分发挥省道的合体作用。

（2）纵向和横向的省道连接时，应综合考虑以最合适的路径连接，使其具有良好的工艺可加工性、贴体性和美观性。

（3）如果按照原来位置进行连省成缝不理想时，应先对省道进行转移再连接。转移后的省道应该指向原省的省尖点。

（4）连省成缝时，为了保证分割线光滑美观，应对连接线进行局部修正，而不一定要拘泥于省道的原来形状。

（5）连省成缝的面料应该具有一定的强度和厚度。过于细密柔软的面料容易产生缝皱现象。

2. 不通过凸点的分割线设计

在服装结构设计中，除经过凸点的分割线设计，也有很多不通过凸点的分割线设计。例如，在进行前衣身的分割线结构设计时，应考虑是否要强调突出人体胸部曲线。如果不强调，应该结合无省的结构设计，前后衣片的对位应以前腰围线1/2胸省量为准，将前袖窿错位部分修掉，不作胸省，分割线中应只包含胸腰差值；如果强调突出胸部造型，就要利用侧身结构线加胸省的组合设计，通过胸省的转移来取得前后腰围线的平衡，袖窿深保持不变。

（四）口袋、门襟和撇胸的设计

1. 口袋设计

口袋位置应从功能性和装饰性两方面考虑，一般应设计在取物方便的地方，同时要与服装整体造型协调。

（1）袋口大小设计：从口袋的放手功能来看，上衣大袋的尺寸应根据手的大小来设计。成年女性手宽约9～11cm，成年男性手宽约10～12cm。上衣大袋袋口净尺寸应根据手宽加上手的厚度约2cm，再加上1cm的松量来设计。如果是缝缉明线的贴袋，还应注意加上缉明线的宽度。而上衣胸袋只用手指取物，其袋口尺寸就相对较小，袋口为8~11cm。

（2）袋口位置设计：

①大袋的高低位置应设计在腰围线下8～10cm的地方，前后位置应设计在胸宽线向前移0～2.5cm的地方（视袖身形状而定，直身袖为0，弯身袖为1～2.5cm），此地方与腰围线下8～10cm的地方的交点是手臂稍弯曲伸手插袋的最佳位置。袋口的大小以这点为中心，两边平分。无论袋口多大、袋牙多宽、口袋形状及斜度如何变化，都应遵循这个规律制图。

②胸袋位置的高低设置，一般在袖窿深线向上1～3cm的地方，是手臂端平之后插袋的最佳位置，小袋的前后位置一般以胸宽的1/2处为袋口的中间，或由胸宽线前移3cm左右为袋口的后端（图3-6）。

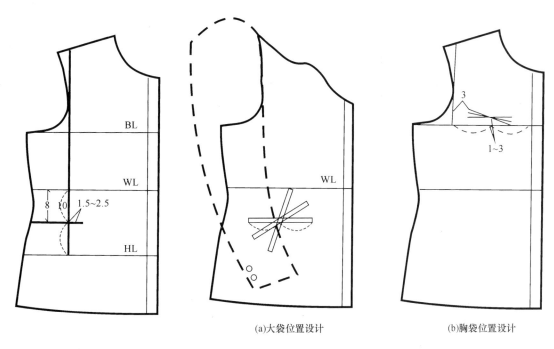

(a)大袋位置设计　　　　　(b)胸袋位置设计

图3-6　上衣口袋的位置设计

（3）口袋造型特点：口袋中贴袋的大小变化、挖袋袋牙的宽窄变化，以及袋盖的形状变化在设计时除要考虑本身的造型特点外，还要考虑其装饰效果，特别是贴袋的外形，原则上要与服装外形相协调。在常规设计中，贴袋的袋底稍大于袋口，袋深又稍大于袋底。袋布的纱向与衣身相同。挖袋的嵌线纱向，如果在1cm内应选用经纱，超过此宽度就要考虑与衣片一致。袋盖纱向与衣片一致。

2. 门襟变化设计

（1）门襟搭门宽度设计：门襟搭门的宽度可分为单排扣和双排扣两种形式。一般单排扣搭门宽度根据服装的种类和纽扣的大小来确定。衬衫搭门宽一般为1.7～2cm，外衣搭门宽为2～2.5cm，大衣搭门宽为3～4cm。双排扣搭门宽可根据个人爱好及款式来确定。一般情况衬衫搭门宽为5～7cm，外衣搭门宽为6～8cm，大衣搭门宽为8～12cm。纽扣一般是对称地钉在前中心线两侧。

（2）扣位设计：门襟的变化导致扣位的变化。扣位的确定方法一般是先确定出第一粒扣和最后一粒扣的位置，其他扣位按此两粒扣的间距等分（对衣长特别长的服装，宜使扣位间距越往下越宽，否则其间距看来是不等）。第一粒扣的位置是在领口深与搭门的交点向下一个扣的直径。驳领的扣位在驳头止点处。最后一粒扣一般从底边线向上量取约衣长/3左右定位。如果有大袋，一般与袋位平齐，最好在腰节处应有一粒扣。

扣眼有横、竖之分，横扣眼的眼位是从搭门线向外0.3cm（0.3cm一般为钉扣时容纳绕线的空间），然后再向里量扣眼大；竖扣眼是由扣位在搭门线向上量0.3cm，再向下量取扣眼大。扣眼大等于纽扣的直径加上纽扣的厚度。

单排扣钉在搭门线上。双排扣的第一排扣是在门襟止口向里一个扣的直径，第二排扣是在搭门线以内离搭门线的距离同第一排扣距离搭门线的距离相等。双排扣的位置在搭门线两侧，并且对称。还可将2~3粒扣组合成一组，排列成直线或斜线（图3-7）。

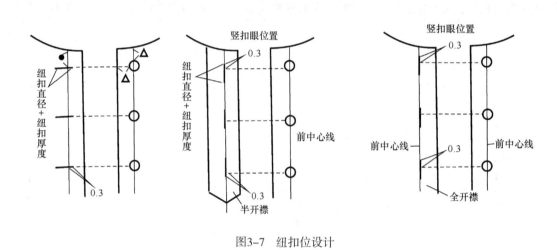

图3-7　纽扣位设计

3. 撇胸变化设计

由于男女体型不同，撇胸量在男女服装上也有所不同。

男性服装中的合体式服装，因各部分都较为合体，所以前中心线处要加撇胸，如西服、中山装等。撇胸量为1.5~2cm。

女装款式变化较多，撇胸量处理也非常灵活。当前片收肩省、领省时，撇胸量可以与省融为一体，因为肩省、领省距前中心线较近，完全可起到使前中心处平服的作用。如果在其他部位收省，省量较大时，也不必再加撇胸。而当其他部分收省较小时，前中心线处仍会出现浮离部分，此时必须要加撇胸，这是将胸高量分两部分解决，对胸部造型的美观更有利。

宽松的服装，因各部分合体性较差，无论男女装，均不需加撇胸。

如果是条格面料，即使是合体服装最好也不要加撇胸，否则会破坏前中心线处条格的完整性，可采用加大起翘或在隐蔽部位设省等方式解决。

套头衫无法设计撇胸，解决前领口浮起最好的办法是将此量放在后领窝内消除，具体办法是将后领宽比前领宽开宽一个量（撇胸量），同样可以起到撇胸的作用（图3-8）。

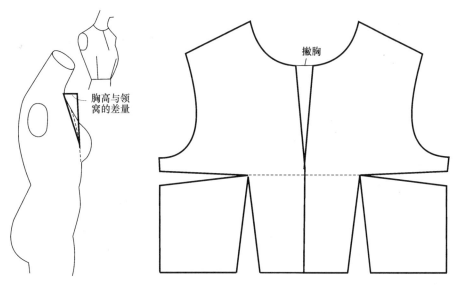

图3-8 撇胸的设计

三、衣身结构设计应用

（一）省道转移的应用

省道的各种变化设计主要应用于女装。本书将以日本文化式女装衣身原型为转省原型模板进行省道转移设计。其他原型的转省原理、方法同日本文化式女装衣身原型是一样的。

1. 单省转移

单省转移是指单个省道的集中转移。例如运用省道转移方法，将原型的前腰省全部或者部分转移至新的位置，形成一个新省道，如图3-9所示，单省转移步骤如下：

（1）在女装衣身原型上作出新省道。

（2）折叠原省道，并将其全部或者部分转移到新省道上。

（3）确定省尖点，修正新省道，使省道两边等长。

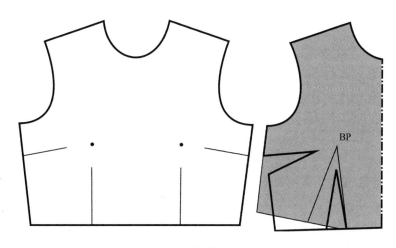

图3-9 单省转移——腋下省

2．多省转移

多省转移是指运用省道转移方法，将原型衣身上的若干个省道分别转移至若干个新省位置（图3-10、图3-11），多省转移步骤如下：

（1）为了便于新省位的确定，当原省位妨碍新省位的确定时，首先将原省位转移为临时省位。临时省位的确定原则是只要不妨碍新省位的确定。

（2）在形成临时省位的原型上作出新省位线，并设法使新省位线与BP点相连接。

（3）折叠临时省道，并将其转移到若干个新省道上。

（4）修正新省道，使省道两边等长。

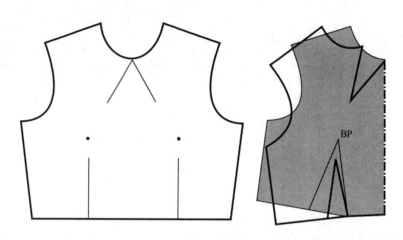

图3-10　多省转移——腰省和领省

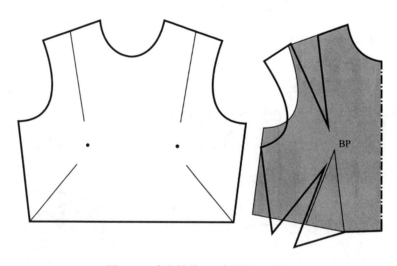

图3-11　多省转移——侧腰省和肩省

（二）褶裥、塔克的应用

1．肩部褶设计

图3-12为肩部设计褶的款式。根据款式需要运用旋转法将前身胸省量转移成打褶量，这个褶为功能性褶。这种设计增加了胸部的活动松量，具有适体、美观的功能。

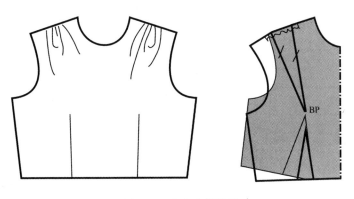

图3-12　衣身肩部抽褶

2. 胸部塔克设计

图3-13为衣身前胸设计多个塔克褶的款式。根据款式要求设计褶裥的位置，先用旋转法转移部分胸省量至褶裥内，再运用剪开法拉展增加褶裥量。

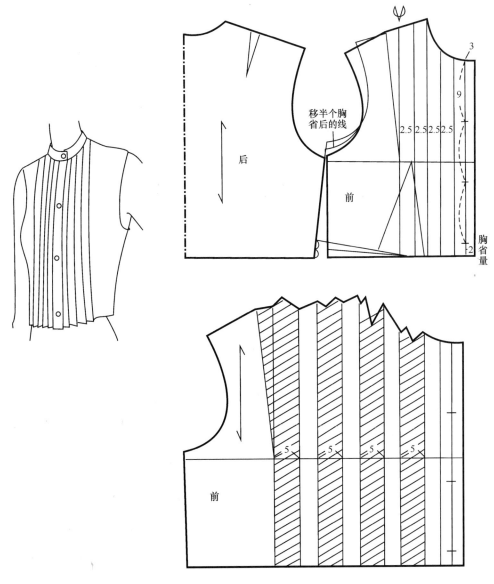

图3-13　衣身前胸塔克设计

3. 前身腰部抽褶设计

图3-14为前衣身无省、抽褶设计的款式。根据款式需要将前腰省忽略不计，运用剪开法根据褶的走向在腰围线处设定若干个剪切线，然后剪开拉展，形成褶量。

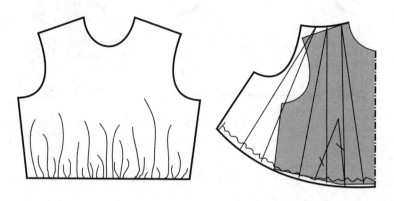

图3-14　前身腰部抽褶设计

（三）分割线的应用

1. 袖窿弧形刀背线设计（图3-15）

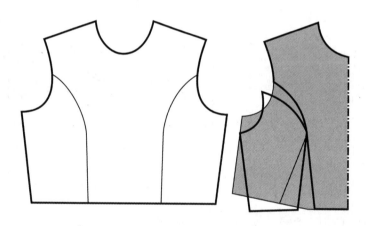

图3-15　袖窿弧形刀背线设计

2. 公主线设计（图3-16）

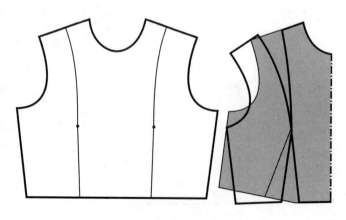

图3-16　公主线设计

3. 折线式分割线设计（图3-17）

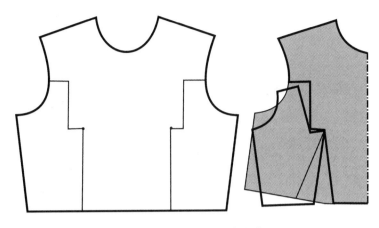

图3-17　折线式分割线设计

第二节　衣领结构设计原理与应用

一、衣领结构基本概念

衣领结构由领窝和领身两部分构成，其中大部分衣领的结构包括领窝和领身两部分，少数衣领只以领窝部分为全部结构。衣领的结构不仅要考虑衣领与人体颈部形态及运动的关系，还要考虑设计所要表现出来的形式与服装整体风格相统一。

（一）衣领的结构种类

1. 按衣领基本结构分类

（1）无领：也称为领口领，无领身部分，只由领窝部分构成，以领窝部位的形状为衣领造型。根据领口前中心线处的构造可分为前开口型和前连口型两种。根据领窝的形状可分为圆形领、方形领、V形领、椭圆形领、鸡心领等，如图3-18（a）所示。

（2）立领：指领子向上竖起紧贴颈部的领型。可分为单立领和翻立领两种，其中单立领只有领座部分，翻立领包括领座和翻领两部分，如图3-18（b）所示。

（3）翻折领：领身由底领和翻领两部分构成，这两部分相连成一体没有分缝。翻折领分为平领（无底领）、关门翻领（前领窝处纽扣扣上）、驳领（翻领部分和驳头部分一起翻折打开），如图3-18（c）所示。

2. 按衣领底领侧部造型分类

有领结构都存在底领侧部造型的问题。底领侧部造型是指底领侧部（颈肩点）与水平线之间的倾斜角。每一种衣领都存在倾斜角小于90°、等于90°、大于90°的衣领类型。

底领倾斜角小于90°时，衣领与人体颈部离开，不贴颈。

底领倾斜角等于90°时，衣领与人体颈部较贴近。

底领倾斜角大于90°时，衣领与人体颈部贴近。

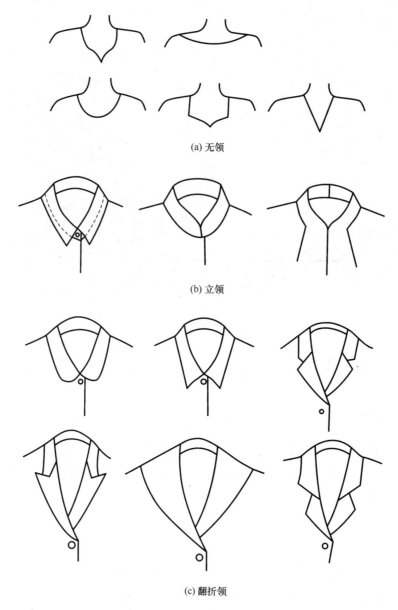

(a) 无领

(b) 立领

(c) 翻折领

图3-18　衣领分类

（二）衣领的配置特点

1. 无领

无领结构是利用领口线进行装饰的一种领型，具有轻便、随意、简洁的独特风格。它是所有基本领型中较为简单的一种领子，它的变化只体现在领口线上。但从某种意义上说，无领的领口线结构要比有领的领口线结构更为关键，掌握无领的领口线的合体、平衡比有领的领口线显得更加重要。因为在有领的款式中，有衣领遮盖，领口不显得突出。而在无领款式中，其领口线无遮无盖，直接暴露于外表，宽大领口线中，容易出现前领线不合体荡开等前后领线不平衡的情况，使穿着者不得不随时地把荡开的前领线往后移，试图取得暂时的平衡，但却无法改变前领荡开的尴尬局面。

无领领口可分为两种形式：一种是前中开口的领口，另一种是套头式的领口。

无领的配置技术，主要是指前后领宽大小所涉及的服装合体、平衡、协调等问题。因为领宽点是服装中的着力点，如在配制中有所不当，必将产生不平衡的现象，并导致前领口中心线处起空、荡开、不贴体。

2. 立领

立领是呈直立状态围绕颈部一周的领，具有结构简洁、利落的特点，有较强的实用性。

人的颈部造型呈下粗上细的圆锥体，如用一块长方形的布料围在颈部一周，则领子的领上口线将与颈部之间有一定的空隙，产生直立式的着装效果。此种领型为不合体的立领，但穿着舒适，活动自如，适用于休闲装。如将其领子的领上口线缩短，领子就会贴颈，着装效果会变成内斜式的造型。在变化的过程中，不难发现，领口线也随之发生了变化，前领口线向上起翘。内斜式的领子向上起翘一般在1.5～2.5cm之间，如果超过这个量，颈部就不便活动，更谈不上舒适性。

外斜式立领与内斜式立领相反，它是领上口线加长，因而前领口弧线向下起翘或后领口弧线向上起翘，翘得越多，领上口线越长，向外倾斜程度越大。如果过量，立领则立不住，会向下倒，演变成为翻领（图3-19）。

立领还有一种特殊的结构叫作连身立领。连身立领俗称连撑领，是指立领与大身领口相连的组合式衣领。如常见的敞开穿着立领中的立驳领、驳口立领。关闭穿着的松身立领、多用立领等。

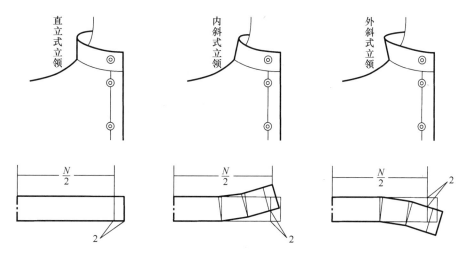

图3-19　立领的3种形式及结构图

3. 翻领

翻领可分为平领、关门翻领、驳领3大类。

（1）平领又可称着坦领，它的特点是有不同造型的翻领领片，但无底领宽（有时仅有很窄的底领，目的是为了增强领片的立体感，使制成的领子在领口接缝处有里外匀，而不至于吐露止口）。这种领型以前在儿童服装中经常应用，以适应儿童脖子较短的特点。现在已经广泛适用于各类女装。

（2）关门翻领俗称关门领，是指穿着时适宜关闭的翻领。这种领大都是由相连的底领与翻领共同组合而成，在关闭穿着时具有庄重、严肃的风格和保暖、防护等实用功能。在敞开穿着时又具有潇洒、大方的风度和实现随意组合等装饰功能。被广泛地应用于春、夏、秋、冬四季的服装和各式内、外衣的配置。关门领的特点是前领深变化量范围很大，而领宽的变化量范围较小。前领深变化量究竟怎样取值？主要取决于服装设计师对款式的整体要求，其变化应在基本型的领口上进行改变。

（3）驳领也称西服领，它在各种领型中属于变化较多、结构较复杂的一种领型，具有其他领型结构的综合特点。其底领、翻领和驳头三者之间有着密切的关系，既相互联系又相互制约。底领宽、翻领宽、驳头止点位置三个要素同时制约着衣领的结构形状，只要其中有一个发生变化，衣领造型也就随着产生变化。要使不同造型的驳领平整地覆盖于人体的前胸坡度上，应要求衣领外口弧长与相对应的衣片上弧长相吻合。倘若衣领外口弧长过大，则驳领的驳头将不能平坦地贴紧衣片而产生漂浮状。倘若衣领外口弧长过小，则驳领的弧口拉紧，当第一粒纽扣不扣时，驳口点会向下位移而影响造型设计，严重时会使衣片弧线产生褶皱而影响成衣质量（图3-20）。驳领结构设计中有两个主要的设计要素，即基点和翻领松量。

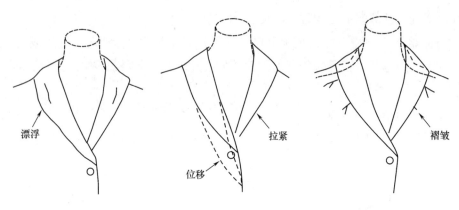

图3-20 驳领的常见弊病

二、衣领结构设计原理

（一）无领

1. 无领浮余量处理方式
前中开口型无领与套头式无领在浮余量的结构处理上略有不同。

前中开口型无领在结构上可用原型倾倒来解决前领口中心不服帖的问题，即将部分浮余量转到前中心处，以形成撇胸，如图3-2（a）所示。

套头式无领的领口在配制前衣片时稍难些，因为前中心线无法去掉撇胸量，只有将撇胸量放在后领宽内消除。解决的方法可将后领宽大于前领宽，使前后领宽有个差数，这样，当肩缝缝合后，后领宽可将前领宽拉开，起到撇胸的作用，使前中心领口处贴体。前后领宽的差数随款式式样和面料性能而定，如图3-2（b）所示。

2. 无领配制原则
用原型样板配制无领衫的领口时，必须遵循以下原则：

（1）无领开襟衫的打板，在制作前衣片时，需倾倒原型，根据胸高程度留出0.5~1.5cm的撇胸量，将前中心线画成弧线，如图3-21（a）所示。无领套头衫的打板，在配制后衣片时，后领口宽尺寸需比前领口宽尺寸大，其量应根据款式和面料而定，如图3-21（b）所示。

（2）当前领口弧线过大时，则需在结构上进行处理，将领口弧线长收去1cm的省量，并将这个量转移到其他的省缝中去，如图3-21（c）所示。或者在肩缝去掉0.3~0.5cm。

（3）无领结构设计受服装款式造型的制约，又要受到人体体型特征的影响。

在原型领口上，当前领深与人体颈部吻合时，对领宽作不同程度的增量处理，并通过对领窝形状的改变产生不同的视觉效果。领宽开宽量一般距离颈肩点3～5cm以保证领口造型的稳定性，当领口宽大于16cm时考虑加吊带。

当前领宽与人体颈部吻合时，对前领深作不同程度的增量处理，但增大领口深一般不能超过胸罩的上口线，即胸围线上6cm左右。

（4）凡配制领宽较窄的无领时，可以在原型基础上，对前后领宽同时增大1～2cm（无论有肩省或无肩省都一样），使该领的前领宽小于后领宽0.3cm，保持领口部位的平衡、合体。凡配制领宽较宽的无领时，应在原型基础上按小肩宽的比例采取增大前、后领宽的方法，以达到衣领平衡、合体和防止前领口荡开的疵病。

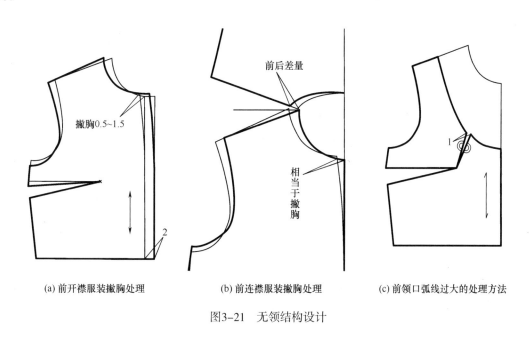

(a) 前开襟服装撇胸处理　　(b) 前连襟服装撇胸处理　　(c) 前领口弧线过大的处理方法

图3-21　无领结构设计

（二）立领

1. 单立领结构设计原理

（1）领子起翘量大小的确定：从人体体型特征可知，人体颈部在站立时略向前倾斜一个角度，且其形状呈上小下大的圆台型，把表面积展开后呈一扇形。因此，领子的穿着和领围的测量并非处于同一水平位置，根据理论测算，基本型立领的起翘量约为6°，抱颈型立领的起翘量为9°。图3-22所示为立领的三种组合形式，分别是最佳形式立领、合体形式立领、过度合体形式立领。

①凡起翘量约为6°的立领与衣身领口组合时，领与衣身的重叠量为该领宽的1/2，该领型在穿着时，立领与颈部之间留有一定的间隙，为合体性和舒适性均好的最佳形式立领。

②凡起翘量约为9°的立领与衣身领口组合时，领与衣身的重叠量为该领宽的1/3，该领型在穿着时，立领与颈部之间的间隙小，为合体性好，舒适性稍差的合体形式立领。

③凡起翘量约为12°的立领与衣身领口组合时，领与衣身间无重叠量，呈互补吻合状态。该领型在穿着时，立领紧靠颈部无间隙松量，为舒适性很差的过度合体形式立领。

（2）前领宽线相对于垂直线夹角的确定：按照人体需求其角度为27°左右，如果角度太大或太小，在穿着时前领的左右中心线将不能很好地吻合，影响穿着效果。

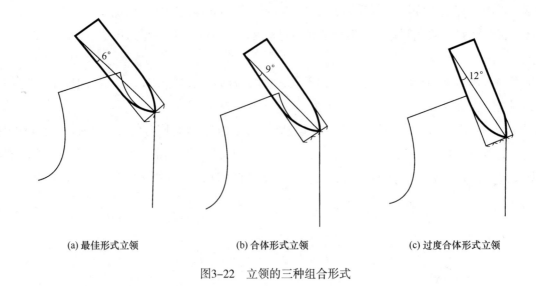

(a) 最佳形式立领　　　　　(b) 合体形式立领　　　　　(c) 过度合体形式立领

图3-22　立领的三种组合形式

（3）前后领宽的确定：根据人的头部活动规律来说，后领宽应大于前领宽，但均不能大于人体颈部长度。

2. 连立领结构设计原理

图3-22所示立领的三种组合形式中，如果采用衣领与衣身连为一体的形式，那么解决立领与衣身领口组合中的相互重叠关系则成连身立领的关键问题。

连身立领如何处理领、衣身之间的重叠量呢？可以用到分割、归拔、收省等技术，应该了解根据款式、面料特性等来选择相适应的工艺技术内容，合理地解决连身立领结构，达到造型与合体、舒适性完美统一的境界。

在最佳连身立领的形式中，由于立领与衣身重叠量很大，可以分别应用肩分割和领分割技术，合理地解决重叠量大的问题，图3-23（a）和图3-23（b）所示即是采用此技术。图3-23（c）采用领省与领分割技术，因为只采用领省技术的话，后领口虽然与立领分离了，但若两者 dd' 的距离小于1.5cm时，仍然需要借助于领分割技术才能达到完成连身立领的目的。

在合体连身立领的形式中，由于立领与衣身的重叠量较小，可以分别采用劈门和领省技术来解决重叠量问题，如图3-23（d）和图3-23（e）所示。但要注意：采用劈门技术时，应注意面料的可塑性，一般劈门量以小于1.5cm为宜。图3-23（f）采用的领省技术，但由于领省省尖距离BP点有一定的距离，故在收省时还要辅以归缩技术。

在过度合体连身立领的形式中，不存在领身重叠的问题，但由于立领的领上口紧靠颈部产生不舒适感，因此必须将前后领宽加大，改善衣领的穿着舒适性，如图3-23（g）~（i）所示。前后连身领型，除采用放大与收领省技术外，并在领上口有意加大部分量，使角度大于90°（此处为92°）。这也是为了改变领上口不至于太紧的问题。

（三）翻领

翻领结构设计原理主要是指驳领结构中基点和翻领松量的确定。

1. 基点的确定

基点是驳领重要的设计要素之一（图3-24）。当驳领的底领与水平线夹角小于90°时，呈不贴合颈

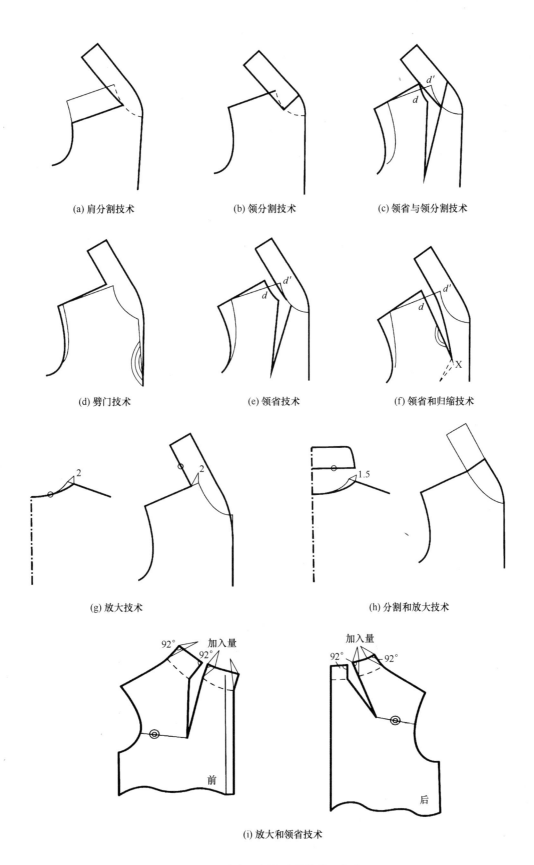

(a) 肩分割技术　　　　(b) 领分割技术　　　　(c) 领省与领分割技术

(d) 劈门技术　　　　(e) 领省技术　　　　(f) 领省和归缩技术

(g) 放大技术　　　　　　(h) 分割和放大技术

(i) 放大和领省技术

图3-23　连身立领的重叠量处理方法

部的状态；当驳领的底领与水平线夹角等于90°时，呈较贴合颈部的状态；驳领的底领与水平线夹角大于90°时，呈很贴合颈部的状态。无论哪种状态，在平面图上均可通过SNP点作a～SNP线，使其与水平线的夹角为a_b，使a～SNP=n_b，作a_b=m_b，ab在肩斜线的延长线上的投影为a' b，a'为翻折基点。从中可以看出：

（1）翻折基点可视为驳领的立体形状在肩斜线延长线上的投影。

（2）通过计算可得。

当a_b<90°时，翻折基点a'的位置位于SNP外<0.7n_b；当a_b=90°时，翻折基点a'的位置位于SNP外0.7n_b；当a_b>90°时，翻折基点a'的位置位于SNP外>0.7n_b（图3-25）。

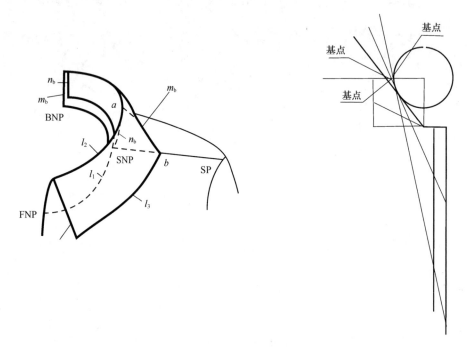

图3-24 翻折基点在立体及平面图中的位置

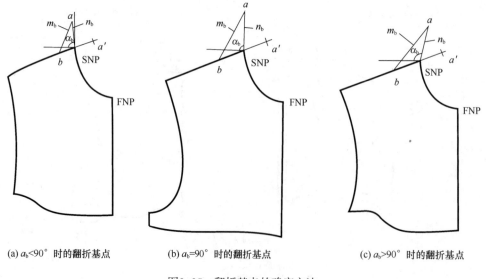

(a) a_b<90°时的翻折基点　　　(b) a_b=90°时的翻折基点　　　(c) a_b>90°时的翻折基点

图3-25 翻折基点的确定方法

2. 翻领松量的确定

翻领松量是翻领外轮廓线为满足实际长度而增加的量，当使用角度计算时称为翻领松度，是平面绘制驳领结构图最重要的参数，也是驳领结构设计要素之一（图3-26）。

翻领松量与材料厚度有密切的关系。材料厚度对翻领外轮廓线的长度具有影响，经实验得到材料厚度与翻领松量呈以下关系：

受材质影响的翻领松量=$a \times (m_b - n_b)$

公式中a为系数，根据材料厚薄来确定，材料很厚时取0.3cm，材料很薄时取0.1或0。所以对于不同厚度的材料，翻领松量需加上$0 \sim 0.3 \times (m_b - n_b)$的材料厚度影响值。

翻领松量的精确求法：后领部分安装在衣身后，形成翻领立体形态外轮廓线长与底领下口线长之间有差值，这个差值就是翻领松量。在绘制前领身结构图时，将前领身按照翻折线对称翻折，由于领外轮廓线长与领下口线长的差为翻领松量，故在实际制图时，只需测得这两条线的差量再加上材料厚度影响值加入领外轮廓线中便可。

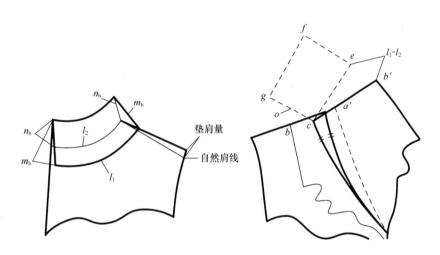

图3-26　翻领松量的确定方法

三、衣领结构设计应用

（一）无领

1. 无领结构设计方法

无领结构设计方法是所有领型中最简单的，主要按照以下步骤：

（1）画出原型结构图，确定原型领口（也可以直接根据领围规格画出基本领口）。

（2）根据款式图，将原型领口的领深和领宽进行变化，主要是领深与领宽的数据。

（3）在结构图上画出类似于款式图的形状。

2. 无领结构应用实例

V型无领如图3-27所示，一字型无领如图3-28所示。

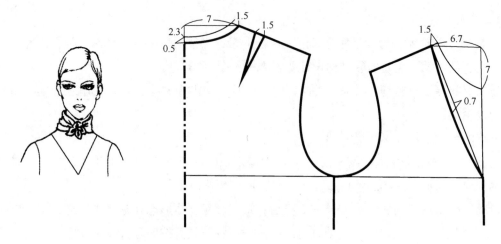

图3-27　V型无领结构图

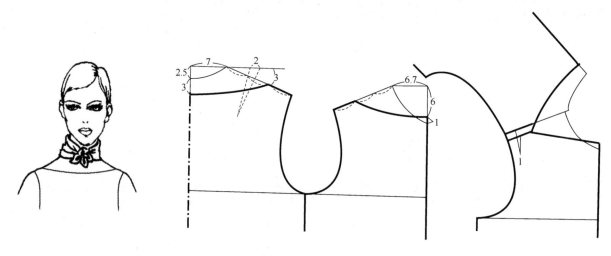

图3-28　一字型无领结构图

（二）立领

1. 单立领的结构

（1）单立领的单独制图法（图3-29）：先确定好立领的领口形状，基本型立领领口制图公式：领围大=36cm；前领深o ~ FNP：$N/5+0.4cm=7.6cm$；前领宽oa：$N/5-0.7cm=6.5cm$；后领宽da：$N/5-0.3cm=6.9cm$；后领深d~BNP：2.3cm。由于立领在前领口处有一前领高数值的存在，因此前领深必须比原型开得更深。后领深对于立领来说一般取定值2.3cm，以保证后领口处能合适地贴近颈部。

（2）单立领的配伍制图法（图3-30）：

步骤①：修正基础领窝使后领宽等于$N/5-0.3cm$，前领宽等于$N/5-0.7cm$，后领深等于后领宽1/3，前领深等于$N/5+0.4cm$，如图3-30（a）所示。

步骤②：画斜线自点a至点SNP，使之与水平线的夹角为95°，根据领侧角a_b的实际值，在衣身上得到实际领窝线的b点，使ab=后领宽，与领窝水平线夹角为a_b，此时领宽开大量可按照（$a_b-95°$）/5°×0.2cm计算，如图3-30（b）所示。

步骤③：在实际领窝线上画切线，注意切点位置与领子倾斜角有关。若趋向90°，在效果图上表现为领子与衣身不处于一个平面，此时切点可画在FNP的位置上；若趋向180°，在效果图上表现为领子与衣身

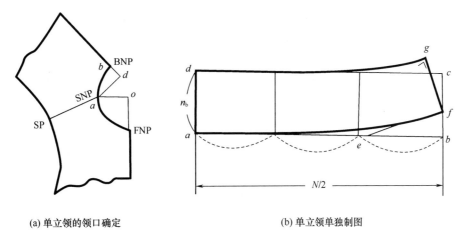

(a) 单立领的领口确定　　　　　　　　(b) 单立领单独制图

图3-29　单立领的单独制图法

处于一个平面，则切点可画在前领口弧线2/3的位置，领子平贴的程度越大，与前衣身处于一个平面的部位就越多，则切点位置越上，如图3-30（c）所示。

步骤④：画出领前部位造型，注意领上口线的形状（直线还是曲线）如图3-30（d）所示。

步骤⑤：以d点为圆心，以$N/2-●$为半径画弧。以c点为圆心，以实际领窝+0.3cm为半径画弧，使两弧公切线上等于后领宽。如图3-30（e）、图3-30（f）所示。

步骤⑥：检查领上口线长度。领上口线长度是从第一粒纽扣，领长实际部位点开始的。要求领上口线长度最后必须等于$N/2$。此步中，如果领上口线小于$N/2$，则将领上口线剪开稍拉展，画成外弧形；如果领上口线大于$N/2$，则将领上口线稍进行折叠，画成内弧形；图3-30（g）便是将领上口线折叠的情况，最终都使领上口线等于$N/2$。在改变领上口线长度时，前领部位造型不可更改，不能进行变形。

步骤⑦：检查后领部位的形状。当$a_b \leqslant 95°$时，后领部位应呈向下口倒伏的形状。当$a_b > 95°$时，后领部位应呈平直或向上口卷曲的形状。若不符，则将前部实际领窝线减小或开大直到形成所应有的后领部形状。

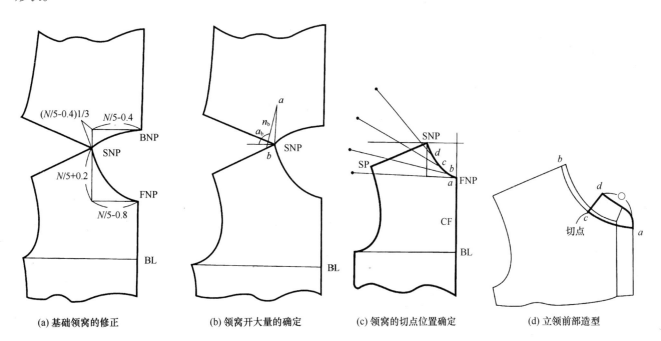

(a) 基础领窝的修正　　(b) 领窝开大量的确定　　(c) 领窝的切点位置确定　　(d) 立领前部造型

图3-30

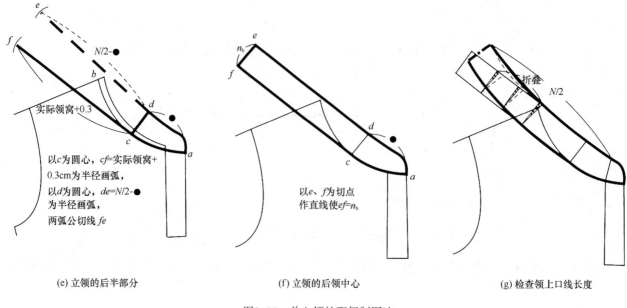

(e) 立领的后半部分　　　　(f) 立领的后领中心　　　　(g) 检查领上口线长度

图3-30　单立领的配伍制图法

2. 翻立领的结构

对于翻立领来说，就是在单立领的基础上再配上翻领部分，其结构图主要有两种绘制方法——单独制图法和剪切展开制图法。

（1）单独制图法（图3-31）：

①在底领后中心处向上量取一定的翻领倒伏量（其大小视底领前部上口造型而决定，底领上口线形状为圆弧形时，倒伏量大。底领上口线形状为直线时，倒伏量小）作矩形，长=N/2，宽=翻领宽m_b。

②作翻领前部造型，前部造型可以自由设计。

③检验底领上口线和翻领下口线的长度，要求翻领下口线比底领上口线长0~0.3cm，以利于在工艺制作中做出里外匀。

一般来说，翻领宽应大于底领宽，翻领宽m_b一般为3.7~4.5cm，底领宽n_b一般为3~3.5cm，且两者的差异不能过大，一般差异为0.7~1cm。这种差值保证了翻领盖得住底领。而对于底领而言，一般底领后宽n_b大于底领前宽n_f，差值一般为0.5~1cm。

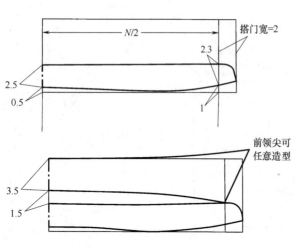

图3-31　翻立领单独制图法

（2）剪切展开制图法：

①按照配伍制图法作出翻立领的底领，如图3-32所示。

②作矩形，长=N/2+（0.2~1）cm（翻领上口松量），宽=翻领宽m_b，然后将矩形分成4等份，剪切拉展分别在等分中加上0.6（m_b-n_b），其中0.6（m_b-n_b）是最大的加放松量。作翻领前部造型，前部造型可以自由设计。

③作出翻领前部造型，使翻领前宽=m_f。

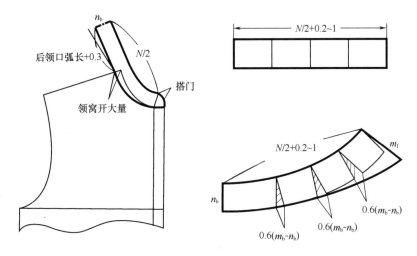

图3-32　翻立领的剪切展开制图法

（3）在加入松量时，应该根据底领前部造型上口形状分别加入不同的量：

①底领前部造型上口线为圆弧形时，翻领的下口前端应放0.6（m_b-n_b）的松量。

②底领前部造型上口线为部分直线、部分圆弧型时，翻领的下口前端应放小于0.6（m_b-n_b），其放松量应视图底领上口前端的直线与圆弧长的比例而定：若比例约为1：2，则取0.3（m_b-n_b）；若比例小于1：2，则取大于0.3（m_b-n_b）的量；若比例大于1：2，则取小于0.3（m_b-n_b）的量。

③底领前部造型上口线为直线时，翻领的下口前端应放的松量为0，即基本不放松量。

3．立领结构应用实例

领前为直线型的单立领结构如图3-33所示，领前为圆弧型的单立领如图3-34所示。

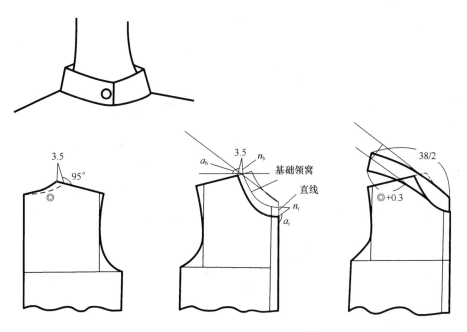

图3-33　领前为直线型的单立领结构

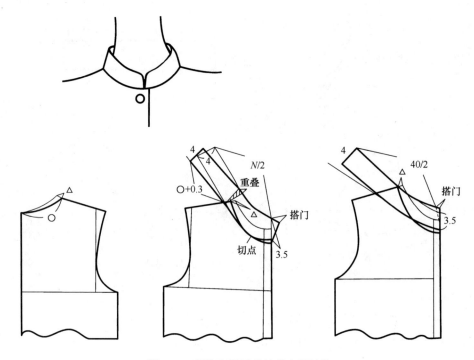

图3-34 领前为圆弧型的单立领结构

（三）翻领

1. 平领

（1）平领结构设计方法：平领的结构制图可以分为两种方法：一种是由蒋锡根发明的，将在关门翻领中详细介绍，另一种是重叠衣片的简易配领法。其中最常见的是用重叠衣片的简易配领法，其作图步骤如下：

①根据不同平领造型需要，在原型领口上修改前后领口弧线，一般平领的前、后领宽都比原型大。

②将经过修改后的前后片重叠在一起，SNP点对齐，在前后片的肩端点处重叠一定的量（重叠量与领宽和前领深有关）。

③按重叠之后的领口弧线，再按图作出相呼应的领外口弧线。在后领中心线处，领外口弧线稍减短0.5~1cm，此值一方面取决于领片的立体效果，取值大者立体效果明显。另一方面与肩端点的重叠量大小有呼应关系，取值大时重叠量需大些。

④如果为套头衫，需要注意领口弧长一定要大于头围。女性标准体的头围尺寸是54~55cm。

平领的前后肩部重叠量不是固定不变，而是根据领型条件的变化作相应的变化，规律如下：凡在前领深相同的条件下，窄翻领肩部重叠量大，宽翻领的肩部重叠量小，如月牙边袒领、铜盆袒领。凡在翻领宽尺寸相同的条件下，前领深大时肩部重叠量小，前领深小时肩部重叠量大，如海军领。

（2）平领的结构应用实例：以代表性的海军领为例详细说明重叠衣片的平领结构制图步骤。海军领属于阔平领，领片将肩部盖住，因装于海军衫上而得名，其制图步骤如下（图3-35）：

①根据款式图在基础领窝上制出海军领的前、后领口线。

②重叠前后衣片肩部。根据图示在肩端点重叠0.5cm，使领口线处后肩缝长出0.5cm。

③绘制领下口线。按后领中心线和颈肩点放出1cm作点，并按图示画顺领下口线。

④作后领中心线。使后领宽与后领中心线与后片中心线相距长度的比例为6∶1，如当后领宽为12cm时，后领外口线与后片中心线相距2cm。

⑤ 绘制领上口线。按款式图分别作出后翻领、肩部翻领及前翻领的形状，然后连接各点弧线画顺即可。

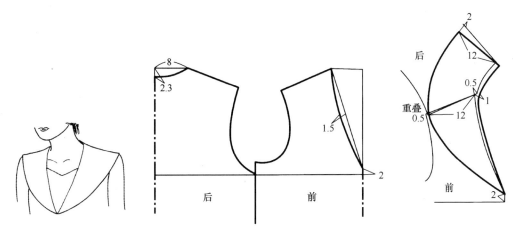

图3-35　海军领结构设计

2. 关门领

（1）关门领的单独制图法（图3-36）：

①关门领领口的设计。根据不同衣领造型需要，在原型领口上修改前、后领口弧线，一般前、后领宽都需稍加大。或者直接用领围公式：先取劈门1cm，然后量取前领宽为$N/5-0.7$cm，前领深为$N/5-0.3$cm，后领宽为$N/5-0.3$cm，后领深为后领宽/3。

②作出后领中心线，分别量取翻领宽$ab=\varphi=4.5$cm，底领宽$bc=\varphi=3$cm。

③求出后领中心处的凹势h，$h=\varphi-\varphi+★$（修正值）=4.5cm-3cm+0.2cm=1.7cm。修正值主要考虑面料的厚薄，因为面料越厚，领子翻折后的内外弧长差越大，修正值一般取0.2～0.5cm。此值过小，设计确定的翻领宽和底领宽将会发生位移，甚至会产生爬领现象。

④测出前后领口弧长△+○，使$ce=△+○$。通过e点作ce的垂线，在垂线上截取f点，ef可取0.5～1cm，按图示作出领下口线。

⑤在ef的延长线上取前领宽fg。此款领型为平方领。

⑥按图示作出领外口弧线和翻折线。

（2）关门领在领窝上直接制图法：此方法最初见于已故服装制板师蒋锡根先生书籍，故称蒋锡根制领法，如图3-37所示。

①关门领领口的设计，与关门领的单独制图法相同。并作标准领口圆。从颈肩点量进0.8×底领宽（$0.8n_b$）为半径作圆。

②作驳口线与领驳平直线：驳口线为搭门线与领口弧线的交点与标准领口圆作切线；领驳平直线按照$0.9n_b$作驳口线的平行线。

③翻领松度的定位：用比值法来确定直角三角形的斜边。具体做法为从领驳平直线与肩斜线的交点开始量取（m_b+n_b）∶2（m_b-n_b）。

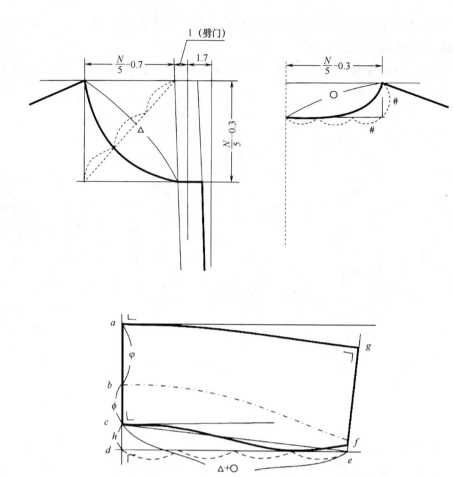

图3-36 关门领单独制图法

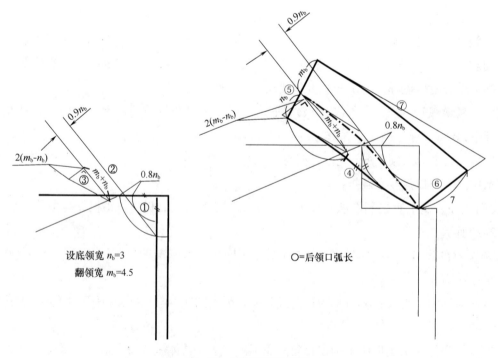

图3-37 关门领结构制图

④后领口弧线确定。在领底斜线③上取后领口弧长，与前领口弧线相连，并画顺领下口弧线。

⑤后领中心线。垂直于领下口弧线。并在后领中心线上量取底领宽n_b和翻领宽m_b。

⑥前领角线。根据款式，前领角线与前领深呈一定角度，从搭门线与领口弧线的交点起画，领角长根据款式设计。

⑦领外口线。垂直于后领中心线，相交于前领角线，并画顺成弧线。

⑧领翻折线，从后领中心线底领宽处开始，画至前领角线起点。

（3）关门领应用实例：该衣领属于宽松娃娃领，可以采用单独制图或者在衣片上直接制图的方法，如图3-38所示。

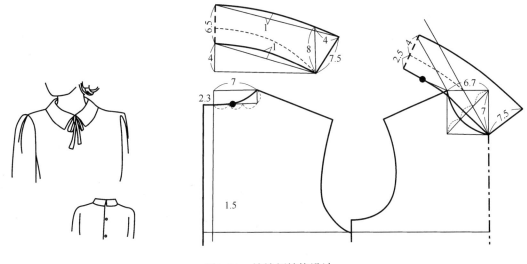

图3-38　娃娃领结构设计

3. 驳领

驳领结构设计实际应用的作图方法很多，各种方法不同的地方皆为翻领松度的确定方法不同。下面介绍几种常见方法。

（1）驳领反射作图法（图3-39）：在衣身领窝上画出前领轮廓造型后，投影至另一侧的作图方法，领座=n_b，翻领=m_b。

①画领围N的基础领窝线，在基础领窝线的SNP点（图中o点）处作出垂线n_b、领侧线m_b，并在肩缝延长线上取$a'b=ab=m_b$，得到翻折基点a'，如图3-39（a）所示。

②根据款式图取翻折止点d，连接翻折基点和翻折止点画直线状翻折线及前领外轮廓造型，如图3-39（b）所示。

③将右侧的外轮廓造型以翻折线为基准线，将造型投影至另一侧，如图3-39（c）所示。

④将串口线延长，与经SNP作翻折线的平行线（也可以不平行），相交于o点，形成实际领窝线。连接ba并延长n_b长至c点，将c点与实际领窝o'点相连，检查co'是否等于实际领窝弧长−（0.5～1）cm，如若不符，则需要修正c点，使co'等于上述长度，如图3-39（d）所示。

⑤以c点为圆心，cb'为半径画一段弧，弧长$b'b''$即为翻领松度，$b'b''$=［后领外轮廓长（*）−后领窝弧长（o）］+0～0.3×（m_b-n_b）［图3-39（e）、（f）］。

⑥以cb''为边作矩形，矩形另一边为后领窝弧长ce和$b''f$，如图3-39（g）所示。将领下口线、翻折线及领外轮廓线画顺，如图3-39（h）所示。

到此，反射法绘制驳领步骤已经完成。第⑤、⑥步还可以用以下方法替代： 以c点为圆心，以后领窝弧长o为半径画弧，以b'点为圆心，以后领外轮廓长（＊）＋（0～0.3）×（m_b-n_b）为半径画弧，在两圆弧上画切线，切点分别为e、f，使$ef=m_b+n_b$。

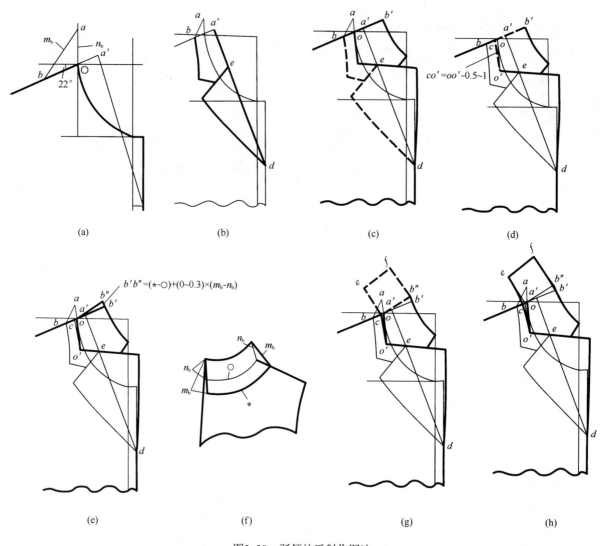

图3-39 驳领的反射作图法

（2）实用作图法（图3-40）：

①先确定基础领窝，g点为前领宽点，d点为前领深点。画出驳口线：n点为基点，$gn=$底领n_b-0.5cm。a点为驳口线与前中心线的交点，即衣领成型扣好后左右相交的点。

②确定翻领松度r，此步为实用作图的关键步。以驳口线na为基准线，用直角三角板作出x，y线。作图时必须满足以下三个条件：

x线与y线互相垂直；

x线必须通过基点n，y线必须通过基本前领深点d；

y线中op长度为$m_b/2+u_0$（m_b为翻领宽，u_0为修正系数为0～1cm）；

图中x线与驳口线的夹角即为翻领松度r。

③后面方法同反射作图法，在衣身上作出领子造型设计图，反射到另一边作出结构图。图中后领中心线处$\triangle\varphi$的大小是由面料厚薄而定，根据实际经验此值一般在2°～5°之间。

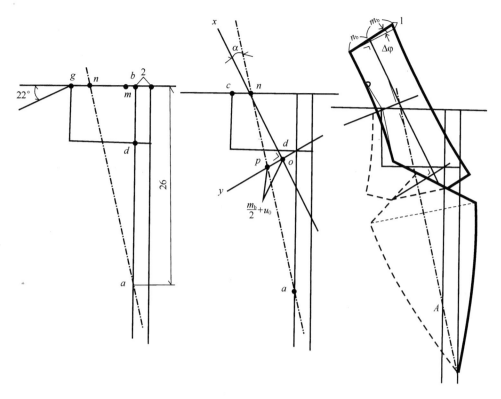

图3-40 驳领的实用作图法

（3）D式配领法（图3-41）：

①在原型领口上作出基本领口，肩线延长线作出基点位置：底领-0.5cm，确定驳头止点，画出驳口线，并画出驳头形状。

②翻领松度画法：在驳口线上取基点至前中心线交点的一半作垂线，并与前中心线相交，然后连接基点并延长。此线与驳口线的角度即为翻领松度。

③在翻领松度线上从基点量取后领弧长，再根据一般配领方法作出衣领结构图中领下口线、后领中线及前领角和领外口线。此图取底领为3cm，翻领为4cm。缺嘴分别为3cm和3.5cm。

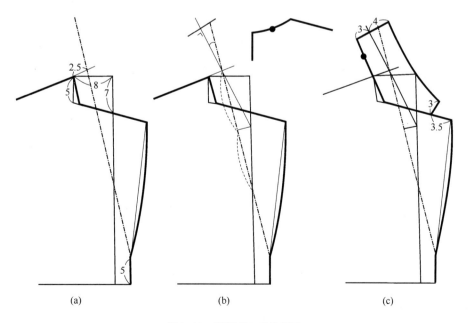

(a)　　　　　　　(b)　　　　　　　(c)

图3-41 驳领的D式作图法

（4）应用实例：这是一款圆弧形驳领设计，该款衣领采用反射作图法制作。在衣身领窝上画出前领轮廓造型后，投影至另一侧（图3-42）。

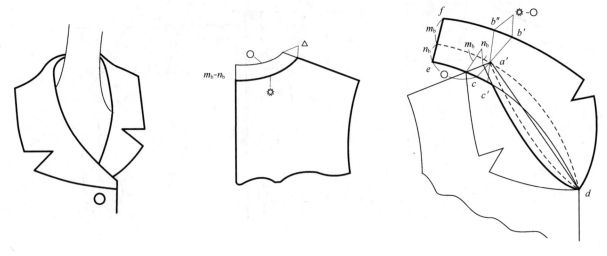

图3-42　圆弧型驳领结构设计

第三节　衣袖结构设计原理与应用

袖子包裹了人体肩部和臂部，是构成服装的主要部件。本节主要介绍衣袖的结构设计原理及各种袖型的结构设计及部件缝制工艺。

袖子在服装中除了御寒和适应人体上肢活动之外，它的功能还偏向于装饰性。

衣袖结构设计，是服装整体设计中不可或缺的重要组成部分，它同样需要设计师经历想象、构思的过程。当穿着者将立体的服装穿上后，除追求衣身与衣袖的平衡、合体、美观、协调外，还特别需要关注衣袖的穿着舒适、易活动和兼容性等实用效果。衣袖的外观设计不能脱离服装穿着需求而独立存在，必须考虑穿着对象的体型、服装品种用途、穿着场合以及款式造型、面料质地、色彩纹样等因素，所以在本节中，首先应该掌握衣袖的结构种类及外观特征。

一、衣袖结构基本理论

（一）人体上肢的基本形态

如果把人体上身比作两个台体反向连接，连接的轴为腰部，那么人体上肢就可比作两个柱体的连接，连接轴为肘部，与身体连接的轴为肩部，上肢的运动幅度很大（图3-43），为满足不同的运动量的要求，派生出不同形态的衣袖，每一类衣袖都有其特定的结构要素。

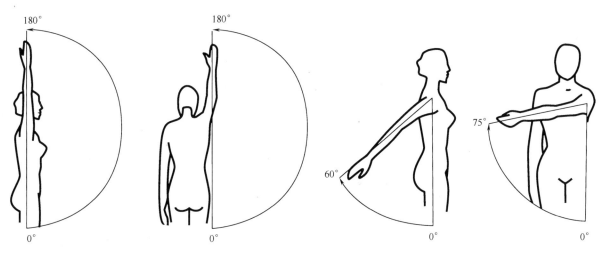

图3-43　上肢的运动幅度

（二）衣袖的基本形态

图3-44所示的是女体上肢立体形态，人体上肢的形态是微向前倾。自肩端点SP向下画垂线可以得到人体上肢3个重要数据：手臂垂线与手腕中点之间的水平距离为4.99cm，手臂垂线与手腕中线的夹角为6.18°，手臂肘部垂线与手腕中线的夹角为12.14°。

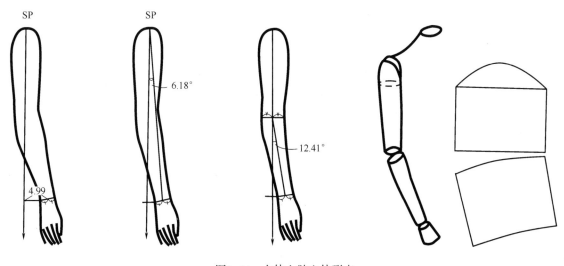

图3-44　女体上肢立体形态

将人体上肢分为两部分，与身体相连的部分为上臂，其余的部分为前臂，肘为上臂和前臂的中间轴，使前臂向前倾。包裹着两块体积的矩形即为衣袖的基本形态，中间张开的部分是使衣袖前倾的省量，用一块长方形的布包裹人体上肢，将前臂与肘部弯曲处的空荡部分去掉，形成图3-44右的形状，与上臂展开，形成袖山的基本形状，将两部分连接，就是一个与上肢前倾程度基本一致的衣袖平面形状。

图3-45所示为衣袖基本形态的展开图，袖山弧线为一条先凹后凸的再凹的曲线，最凹的部分在腋下，最凸的部分在肩部，以人体上肢自然下垂时最外端轮廓线为袖中线的基本形态，肘省在手臂的肘中间处，但上肢自然形态是向前倾的状态，而不是向内倾的状态，所以在制图时，将袖肘省设计在袖中线后面，来满足上肢前倾的要求。

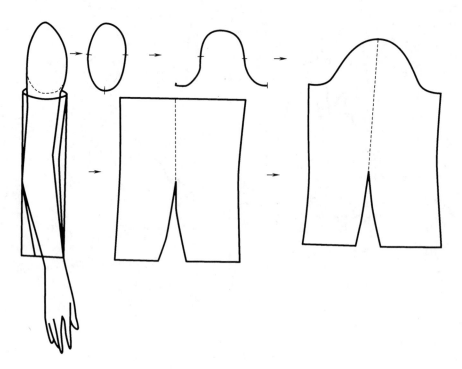

图3-45　衣袖基本形态的展开

（三）衣袖的分类

1. 按服装穿着层次分类

服装有内衣、外衣和大衣之分，相对应的服装衣袖也分为内衣袖、外衣袖和大衣袖。

（1）内衣袖是指贴身穿着的衬衫类衣袖，为追求穿着舒适，袖山高较浅。

（2）外衣袖是指外套类的衣袖，为追求美观与舒适的双重需要，一般采用袖山高较深的美观合体型衣袖。

（3）大衣袖是指穿在外衣外的服装衣袖，因为随着服装层次的增加，外观又不能显出臃肿的感觉，所以大衣袖应以合体美观平衡舒适为宜。

2. 按衣袖长度分类

按衣袖长度分，有长袖、中袖、短袖和无袖之分。

（1）长袖是指衣袖长度在腕关节下的袖型、衬衫袖、夹克衫袖、两用衫袖等。

（2）中袖是指衣袖长度在肘部附近的袖型，有五分袖、七分袖等，又可分为肘省袖、袖口省袖、无省袖等。

（3）短袖是指衣袖长度在肩端点到肘部间的袖型，其长度占身高总长的15%左右，其中近年来流行的超短袖，袖长都在10cm以下。

（4）无袖是指衣身袖窿或肩部稍放出来的短连袖，无袖的应用最广，如夏季的日常家居服、休闲服、冬季的背心马甲，都可以设计成无袖。

3. 按衣袖结构分类

按衣袖结构分，有装袖、连袖和分割袖之分。

（1）装袖是指袖山形状为圆弧型，与袖窿缝合组装的衣袖。根据袖山及袖身的结构风格可分为宽松袖、贴体袖、直身袖及弯身袖。

（2）连袖是指袖山弧线与衣身组合连成一起的衣袖结构，根据衣袖倾斜度分为宽松、较宽松及较贴体三种结构风格。

（3）分割袖指在连袖的基础上，按造型将衣身和衣袖重新分割，组合形成新的衣袖结构。按造型线分为插肩袖、半插肩袖、落肩袖和覆肩袖。

4. 按衣袖穿着功能分类

按衣袖穿着功能分，有贴体袖、合体袖、宽松袖之分。

（1）贴体袖是指近年来流行的袖山高与袖肥相似的细窄袖型。穿着时前袖容量很小，属于美观贴体型衣袖。

（2）合体袖是指袖肥大于袖山高1～2cm的袖型。属于美观合体型衣袖。

（3）宽松袖是指袖肥大于袖山高7～8cm的袖型。属于舒适型衣袖。

5. 按衣袖款式造型分类

按衣袖款式造型可分为袖山造型袖、袖身造型袖、袖口造型袖。

（1）袖山造型袖有窄肩袖、宽肩袖、圆肩袖、翘肩袖和落肩袖。

（2）袖身造型袖有扁袖（一片袖）与圆袖（多片袖）。

（3）袖口造型袖有束袖口袖、小袖口袖和喇叭袖口袖等。

部分衣袖款式如图3-46所示。

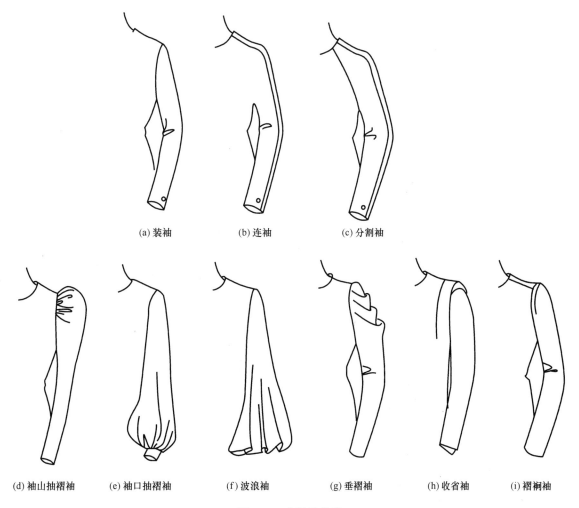

(a) 装袖　　　　(b) 连袖　　　　(c) 分割袖

(d) 袖山抽褶袖　　(e) 袖口抽褶袖　　(f) 波浪袖　　(g) 垂褶袖　　(h) 收省袖　　(i) 褶裥袖

图3-46　衣袖的种类

二、衣袖结构设计原理

（一）袖山高的结构原理

1. 袖山高的绝对取值

在衣袖结构中，袖山高、袖肥和袖山斜度相互制约，相互适应，构成衣袖结构的基本框架。在袖窿弧线一定的情况下，袖山高越浅，袖子越肥，袖山斜度越大，袖子的活动功能越强，反之越弱。其中袖山高是主要因素，通过它来找袖肥，确定袖山斜度，是控制衣袖结构和风格的关键。

当不同的袖山高放在同一个袖窿上，在同一个袖窿上观察衣袖的变化时，袖山高的变化可产生无数个功能不同、舒适度不同、款式风格不同的衣袖。取最大袖山高值和最小袖山高值是衣袖的两极状态。最大袖山高值所产生的衣袖，其功能性是手臂活动所需松量的最低状态，袖山高值再大，手臂抬起就困难了，不能达到结构设计的要求。最小袖山高值的限定，是以袖山高值为0为界限，这时袖中线与肩线呈一条直线，理论上最小袖山高还可以取负值，无论是0还是取负值，均会使衣袖在穿着时腋下的褶量越来越多，当然活动空间也越来越大。从实践上来说，袖山高最小值根据时尚审美来确定，而最大值是有严格限定意义的（图3-47）。

到底袖山高取多少合适，才是最理想的数值？能给手臂的运动提供最佳空间，同时腋下没有多余褶量的衣袖为理想的衣袖。但腋下的褶量永远与袖山高的大小呈反比，面对这样的矛盾，衣袖的结构与功能设计寻求的是一种平和，使一方在另一方的制约下，呈现出最佳效果。一般认为，当袖山高的取值使得袖山斜线与袖肥线的夹角为45°时，衣袖的皱褶在款式可以接受的范围内，且衣袖的功能得以保证，就是最理想的衣袖。在今天的设计中，人们往往为了寻求衣袖的个性，在合体的衣袖中，使袖山斜线与袖肥线的夹角小于45°，摒弃任何可以影响美观的皱褶，忽略轻微的功能障碍，追求衣袖的最佳静态合体效果。宽松衣袖腋下皱褶的多少，成为设计者对款式风格和运动功能的不同追求，功能满足早已蕴含其中，袖山高的设计要自如得多，只要袖山高不超过使手臂抬不起来的界限，就可以自由设计。

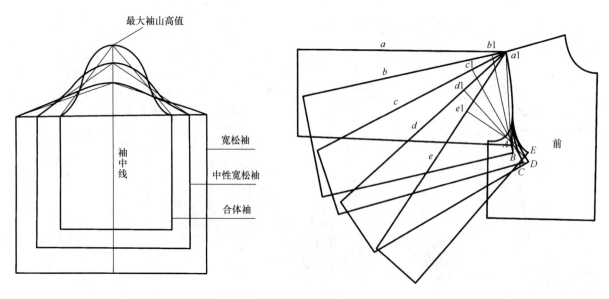

图3-47　衣袖的袖山高及袖肥取值

2. 袖山高的相对取值

前面所讲的是不同袖山高放在同一个袖窿上的状态，是呈有规律地递增或递减，肥的衣袖袖山高比瘦的衣袖袖山高浅，所以，对于不同的袖型而言，袖山高深浅的比较是与自身因素的比较。而对于不同的衣身（即袖窿深不同）时，有时宽松的衣袖也同样需要很深的袖山高，当款式要求衣袖既能容纳较厚的内套装，又要很流畅没有多余的皱褶时所需的袖山高就比较深，以使腋下无褶来满足款式造型的要求。衣袖的功能并没有因为手臂周围的空间被削弱。所以袖山高的最大值和最小值都是一个相对概念，每一款不同的袖窿都有它自己合适的最大袖山高值及最小袖山高值（图3-48）。

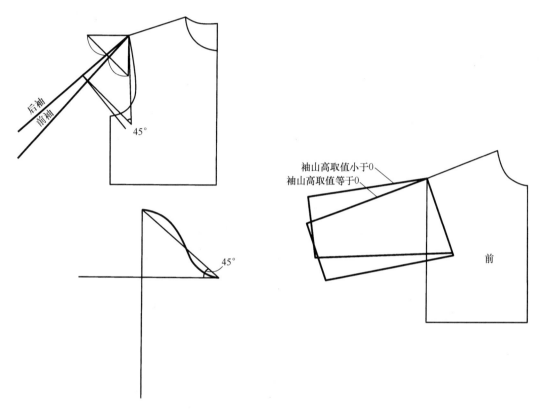

图3-48 衣袖的袖山高相对取值

3. 袖肥的变化设计

不同的袖山高产生不同的袖肥，但是设计的袖山高所派生的袖肥并不总是设计的理想袖肥，但是制板的习惯和袖山高对款式的影响，使设计者有时首先用袖山高来确定袖的其他因素。这就产生在实际应用中袖肥反过来制约袖山高的问题。

理想袖肥的袖山弧线长需要的缝缩量应该适中（如果有缝缩量），符合款式要求。并且要与对应的袖窿弧线长匹配，能满足特定款式的功能要求和风格要求。袖肥加大时，会使袖山弧线加长，缝缩量加大，为避免缝缩量过大，在调大袖肥时，就必然减低袖山高。反之，调小袖肥时，应加大袖山高，在这样的调节和适应中，才能得到理想的衣袖。

对于特定的服装造型，袖肥取值有一定的范围，这些数值经过实践，满足特定的款式不同程度功能的设计要求。在设计衣袖时，有了成品袖肥的概念，对于把握设计袖肥是有一定的参考价值的，见表3-1。

表3-1　袖山高、袖肥的经验取值　　　　　　　　　　　单位：cm

款式名称	净胸围	成品胸围	袖山高	袖肥
男西服套装	92～96	108～112	18～20	20～21
男休闲西服	92～96	112～116	18～19	21～23
男正装大衣	92～96	114～120	18～20	22～24
男便服大衣	92～96	114～130	14～18	20～26
女正装	84～88	92～98	17～19	16～19
女便装	84～88	94～104	10～17	17～24

（二）袖身的结构原理

1. 袖肘省的变化原理

袖身上的省主要是袖肘省，是为了使衣袖符合人体上肢静止的自然状态而设计的。当人体上肢自然下垂时，如果衣袖完全包裹上肢，女体手臂前倾约6cm，男体手臂前倾约为6.8cm。采用常用的袖肥，袖肘省的确定可以通过袖口处水平量取一定数值来确定。从后袖肥处作垂线，其与袖口水平线相交，其中女装袖口前倾约为12cm，男装为13.6cm（图3-49）。袖肘省量在合体衣袖和追求前倾效果的略宽松衣袖的造型中是不能忽视的，袖肘省量在一片合体袖中用得较多，在宽松袖中用得较少。

合体式两片袖为典型的以袖肘省为基本结构设计元素的袖型。将袖肘省含在分割线中，袖山高线下部的省使衣袖前倾，袖山高线上部的省使衣袖上部收缩，衣袖后部呈弯曲状态，两片袖前袖缝凹进同样是省的作用，起加强整个衣袖弯曲效果的作用。袖肘省量过大，会造成衣袖肘部弯曲过急。在袖口围一定的情况下，袖肘省随着袖肥的增大而增大，制图时，常以袖肥与袖口围的差作为肘下部的省量值。当袖肘省设置在袖口处时，长度太长有时不符合款式要求，就被转移至后袖缝处形成一个短小的袖肘省，由于这种袖型常常用在非正式服装中，所以取省时常常减少省量，也可以采用前袖缝内撇的形式（图3-50）。

宽松袖中，袖肘省一般不考虑。如果取省，也是因设计需要而取较小的肘省。

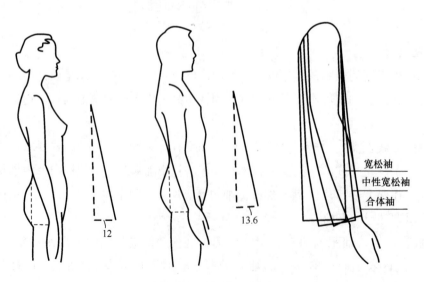

图3-49　人体手臂的前屈状态与衣袖的关系

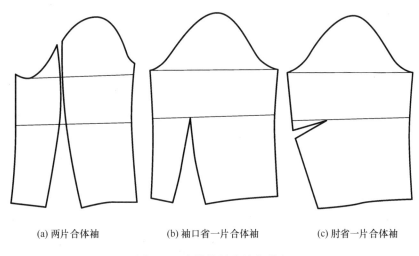

(a) 两片合体袖　　　　　　　(b) 袖口省一片合体袖　　　　　　　(c) 肘省一片合体袖

图3-50　衣袖的袖身基本形态

2. 袖身的变化原理

衣袖的款式很多，但是无论什么样的袖子，在结构上只有两大类，合体袖和宽松袖。这个主要是从袖身的合体程度和功能来分类。

衣袖穿着后符合人体手臂自然下垂状态为合体袖。因为这些衣袖的结构形态是一样的，袖山高、袖肥、袖山斜度3个因素控制着袖型。从两片袖型到一片袖型的转换，只是分割线位置和形状的变化，袖片面积的大小和形状并无变化，那么形成的衣袖立体状态就不会变化。一片合体袖转换成合体插肩袖，插肩袖转换成连肩袖也只是分割线位置变化，衣袖的结构和功能并没有变化。

宽松袖的概念只是一个相对概念，即不合体的衣袖。由一片宽松袖到宽松插肩袖到宽松连肩袖的变化过程与合体袖的变化过程是一样的。

无论宽松袖还是合体袖，袖山高、袖肥和袖山斜度决定了袖的基本状态，款式的变化只是外在的变化。合体袖过渡到宽松袖是衣袖状态的根本变化，但是同一状态下的衣袖，款式的大幅度变化，也会使同类衣袖之间有一些小的变化，这是设计者在对待不同款式时需要注意的，比如合体插肩袖与合体装袖，当袖山高，袖肥和袖山斜度的合体程度相同时，插肩袖的功能性要比装袖稍差些，主要原因是肩部的微小差别。手臂运动时，合体装袖在客观上加大了其运动功能，而插肩袖肩部完全与人体肩部吻合，运动时没有附加的调节量来增加其功能性，常常使穿着者感觉胸背处牵扯过大。所以，合体插肩袖在追求与合体装袖同样的舒适效果时，需要适当减弱它的贴体性，即袖山高变浅一点，或调大袖中线与衣身的角度，这样既对外观效果没有大的影响，也使袖子更加舒适。

（三）袖窿与袖山的配伍设计

1. 袖窿的结构设计原理

袖窿的形状设计来源于人体手臂根部的截面形状。袖子的设计是根据人体手臂根部的形状及其手臂的运动状态而配套设计的。尽管袖窿与袖子在服装设计中类别很多，但为手臂服务，这一点是永远不变的。

首先来看人体手臂根部的形态分析，如图3-51（a）所示：人体的袖窿围、袖窿宽和袖窿深是构成服装袖窿的主要部位。三者始终是围绕着人体净胸围的增减而变化。通过对正常人体的抽样测验和数据分析得知，它们各占净胸围（用B^*表示）的比例如下：

（1）袖窿围=净胸围（B^*）的44.3%。

（2）袖窿宽=净胸围（B^*）的14%。

（3）袖窿深=净胸围（B^*）的13.7%。

（4）半前胸宽=净胸围（B^*）的18%。

（5）半后背宽=净胸围（B^*）的18%。

由上述计算可知，后背宽/2+前胸宽/2+袖窿宽=净胸围/2，因此，在胸围不变的情况下，袖窿宽是随着前胸宽和后背宽的尺寸变化而变化的。其变化情况，可以体现出人体体型特征：体型偏宽者，则前胸宽、后背宽尺寸大，而袖窿宽尺寸减小；体型偏厚者，则前胸宽、后背宽尺寸小，而袖窿宽尺寸增大。

该图所示的是根据人体净胸围尺寸分配而得，用此计算的数据不能直接用于制图。因为，用于计算的尺寸是加放松量以后的服装成品胸围（用B表示）规格尺寸。所以，服装袖窿的形态与尺寸，应在人体腋窝形态的基础之上，加以调整。调整后的袖窿形状如图3-51（b）所示。调整后的比例分配如下：

（1）袖窿围=胸围（B）的44.3%。

（2）袖肥=胸围（B）的13%。

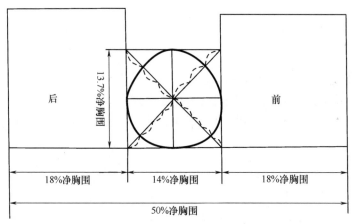

(a) 服装胸围与袖窿的比例关系

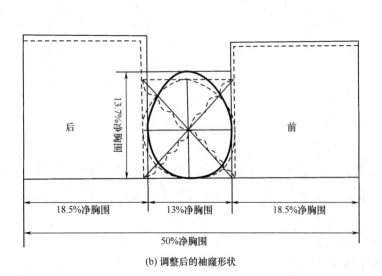

(b) 调整后的袖窿形状

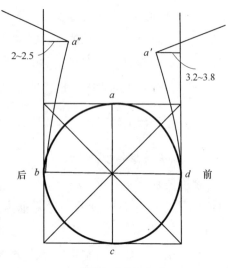

(c) 袖窿的平面造型

图3-51　袖窿的结构设计原理

（3）袖窿深=胸围（B）的14.7%。

（4）半前胸宽=胸围（B）的18.5%。

（5）半后背宽=胸围（B）的18.5%。

图3-51（c）所示是袖窿的平面造型图，要把人体手臂根部的立体形状转化为平面袖窿，首先必须确定胸背宽线和肩端点及冲肩量，将袖窿在a点处分开，ad弧向a'方向移动，ab弧向a''方向移动，使得前冲肩量为3.2~3.8cm，后冲肩量为2~2.5cm。通过这样的线条移动，便出现了平面的袖窿造型图。

2. 袖窿形状和袖山形状的配伍

（1）袖山高的确定方法：

①第一种最常见的袖山高确定方法如图3-52所示。连接袖窿弧线的前后肩端点SP，取其中点为SP'，过点SP'作袖窿深线的垂线AHL，此线的长度称为袖窿均深。将袖窿均深分为5等分。对于成型的袖窿，袖山高如下确定：

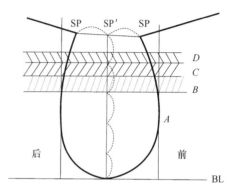

图3-52　袖山高与袖窿深的关系

宽松袖袖山高<0.6AHL，即属于A层范围。

较宽松袖袖山高为0.6~0.7AHL，即属于B层范围。

较贴体袖袖山高为0.7~0.8AHL，即属于C层范围。

贴体袖袖山高为0.8~0.87AHL，即属于D层范围。其中贴体型女装袖山高为0.8~0.83AHL，贴体型男装袖山高为0.83~0.87AHL。

②第二种袖山高的确定方法就是根据胸围的大小来确定。袖山高的确定：

宽松袖：袖山高<净胸围/10。

较宽松袖：袖山高为净胸围/10~（净胸围/10+3cm）。

较贴体袖：袖山高为（净胸围/10+3cm）~（净胸围/10+6cm）。

贴体袖：袖山高为（净胸围/10+6cm）~净胸围/5。

③第三种袖山高的确定方法就是由袖肥来确定袖山高。根据袖肥的大小，用已经绘制好的衣身袖窿弧线AH长度来确定袖山斜线（具体见后面的衣袖绘制实例）。其中：

宽松袖的袖肥：>胸围/5+3cm（胸围为成品胸围）。

较宽松袖的袖肥：胸围/5+1cm~（胸围/5+3cm）。

较贴体袖的袖肥：胸围/5-1cm~（胸围/5+1cm）。

贴体袖的袖肥：臂根围~（胸围/5-1cm）。

（2）袖窿形状与袖山形状：合体袖的袖窿呈现出一个不完全规则的椭圆，袖山的水平投影也呈现出与之近似的椭圆，袖山的椭圆形宽度比袖窿的椭圆形宽度更大，高度更小。从理论上讲，如果袖山的水平投影产生的椭圆与袖窿的椭圆是完全一样的，两者的配合将是天衣无缝的，但是，这种状态使衣袖完全垂直于袖窿，衣袖和衣身的夹角为0°，这样的衣袖穿着后抬臂非常困难，所以袖山的椭圆比袖窿的椭圆略扁一些，实际上是给衣袖和衣身之间一个角度。而宽松袖的袖窿呈现出一个比较窄的椭圆，袖山水平投影呈现更扁的椭圆。袖窿为一个竖直放着的橄榄形状椭圆，袖山的水平投影成为一个横放着的橄榄形状椭圆。

图3-53所示是从宽松袖到合体袖的袖山与袖窿关系的渐变过程，取较合体衣袖（袖山高>17cm）和较宽松（袖山高<9cm）衣袖的袖山形状和袖窿形状。不难发现，两种情况的袖窿形状和袖山形状差异很大。袖山椭圆的高为袖山高，而袖窿椭圆的高不是完全的袖窿深，袖山高永远小于袖窿深。

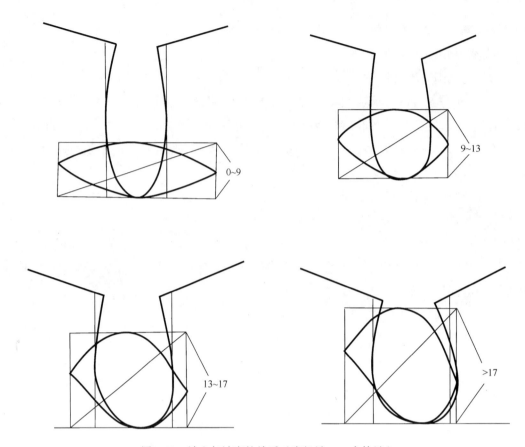

图3-53 袖山与袖窿的关系（宽松袖——合体袖）

3. 袖窿弧线和袖山弧线的配伍

　　随着衣袖合体度的变化，袖窿弧线和袖山弧线的弧度也在变化，两者均随着袖肥的加大而变得越来越平缓。合体袖的袖山弧线凹凸非常明显，是由于自身形成的椭圆形状决定的，相对应的袖窿也是一个曲线较大的弧线。宽松袖的袖山弧线已经变成一个很平滑的曲线，相对应的袖窿弧线也很平滑。可以得出这样的结论：袖山弧线与袖窿弧线的曲度呈正比。如果一个弯曲度很大的袖窿配一个曲度很小的袖山，或者相反，这样会导致袖肩处缺松量而出现绷拽现象，或者产生多余的松量而不平服。

4. 袖山顶点与肩端点的变化

　　随着袖窿椭圆形状的改变，肩宽也随着变化，衣身从合体到宽松，肩端点会从肩宽逐渐下垂到上肢上，在制图时，它仍然是衣身肩部的一部分。从图形上看，只有肩变宽了，胸宽和背宽才会随之加大，才能使袖窿这个原本比较饱满的椭圆变成扁扁的橄榄形椭圆。这时肩端点已经在上肢上，整个袖窿弧线已经脱离胸背与上肢的结合处，袖窿的合体性已经基本消失，这样较宽的肩实际上有一部分已经成为衣袖的一部分，就构成宽松袖的特点：袖窿弧线已经在上肢上部，衣袖与胸背连接处平缓过渡。

　　插肩袖造型时有一点需要注意：无论插肩袖多么宽松，它相对应的肩宽不能像其他宽松装袖一样变化，需要以基本肩宽作为制图依据，这是因为插肩袖的袖中线是一条将肩线也连接在一起的线，形状不是直线，是以肩与袖的基本走向成型的。如果加大肩宽，再在加大肩宽后的肩端点绘制插肩袖，缝合后会在肩部形成一个或大或小的凸起，穿着在人体上也会凸起，所以插肩袖无论宽松程度，都应以实际肩宽制图，这样虽然肩部未加宽，但袖中线与肩部水平线的夹角变小而使穿着时手臂的活动空间变大，因此臂根部位变得宽松，同时肩部合体，穿着后不会出现肩部显宽的现象。

5. **衣袖缩缝量**

从理论上说，袖山弧线与袖窿弧线应该形状和长度相等，才能进行缝合。但是很多袖型的袖山弧线都需要缩缝，尤其是合体装袖，缩缝量是一个结构因素，它可以使衣袖的袖山弧线前后部位增加一定的运动量，用来平衡合体袖的不舒适。衣袖缩缝量也是一个款式因素，饱满的袖型是一种款式风格，正装中常用到此袖型，合理的缩缝量设计是服装品质的保证。

缩缝量的设计与面料厚薄、款式要求和工艺处理均有关：面料薄时，缩缝量需要小，避免缩缝后产生死褶，面料厚时，较多的缩缝量才能产生饱满的效果。女装的缩缝量一般在2.5cm左右，男装的缩缝量一般在3.5cm左右。形成的装袖为明显的袖压肩的效果。在实践中，装袖造型常以改变缩缝量来追求不同的款式效果，较小的缩缝量使肩头平滑，较大的缩缝量使肩头饱满。装袖角度的变化对袖山高和缝缩量的影响：装袖角度越小，袖山高越高，反之越低，如图3-54所示。

图3-54 衣袖的装袖角度与缝缩量的关系

缩缝量确定后，它在袖山弧线上的位置是非常重要。准确的位置才能产生理想的穿着效果。其分配规律一般是袖山弧线的中后部最多，袖山弧线的中部其次，袖山弧线的前部最少，腋下无吃势。图3-55所示的是缩缝量分配的基本位置和基本分配量比值。也是装袖缩缝量变化的一般规律，所以实际中，无论缩缝量多大，分配位置和比例都要准许这一规律。通过对位点来限定各部位不同的缩缝量。

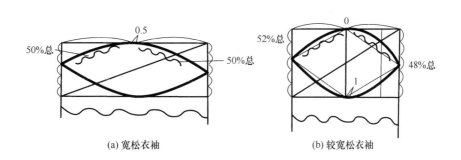

图3-55

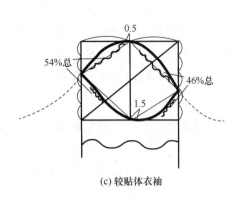 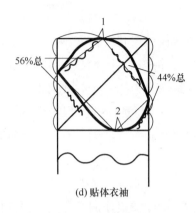 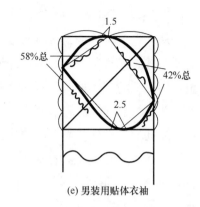

(c) 较贴体衣袖   (d) 贴体衣袖   (e) 男装用贴体衣袖

图3-55   衣袖缝缩量的分配

6. 无袖袖窿

无袖袖窿由于本身不需要缝合衣袖，就不存在袖窿弧线与袖山弧线的配伍问题。在设计无袖袖窿时，无袖袖窿的开深程度是与有袖袖窿的开深程度是不一样的，如果用合体衣袖的袖窿直接作为无袖的袖窿，会显得过于松大。为了不使袖窿过大而暴露太多，袖窿深常常开得较浅，运用原型制图需要将袖窿深上移。

三、衣袖结构设计应用

（一）装袖结构设计

1. 直身一片袖结构

直身袖袖身为直线型，袖口前偏量为0~1cm，制图方法是先画直身袖外轮廓图，然后将袖窿弧线按与外轮廓线呈水平展开的方法制图，如图3-56所示。

（1）按照袖长、袖山高（或袖肥）、前袖山斜线长=前AH（前袖窿弧线长）+吃势-0.9cm、后袖山斜线长=后AH（后袖窿弧线长）+吃势-0.6cm，袖口大，画出袖身外轮廓图。

（2）取袖窿最低点a画袖中线，或与衣身侧缝线相对应的部位画袖中线。

（3）将袖中线上的点a、b、c分别向袖身前、后轮廓线水平展开，使a向外水平展开至a'、a''，b向外水平展开至b'、b''，c向外水平展开至c'、c''。

（4）将展开的袖山弧线，分别按与对应的袖窿弧线等同地画顺，将袖口画成直线型或略有前高后低的倾斜型。

2. 弯身一片袖结构

袖身为弯身型，袖口前偏量≤3cm，结构制图如图3-57所示。

（1）根据袖窿风格确定袖山高，按前后袖山斜线长确定袖肥，按袖长、袖口围作袖身外轮廓图。再画袖肘线，其长度=0.15h+7cm+垫肩厚，袖口线与袖口前偏线垂直。

（2）将袖中线abc分别向袖前轮廓线和袖后轮廓线作垂直展开到$a'b'c'$和$a''b''c''$。

（3）画顺前后袖山弧线，袖身外轮廓线和袖口线。

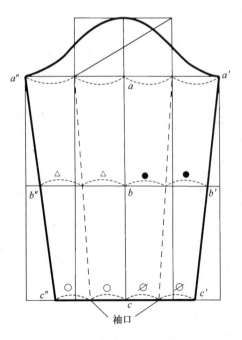

图3-56   直身一片袖结构图

在弯身一片袖结构图中，可以看到当后袖缝线向袖中线折叠时，在袖肘线处要折叠省道，在袖肘线周围要归拢，当前袖缝线向袖中线折叠时，在袖肘线处要拉展，拉展量=袖中线长−前袖缝线长，但当前袖缝线拉展量大于材料最大伸展率即材料允许的最大伸展量时，该类袖结构不能通过拉伸工艺达到造型的要求。

3. 弯身两片袖结构

该袖身结构是在弯身一片袖的结构基础上，将袖缝线做成两条，其中前偏袖量控制在2.5～4cm，后偏袖量控制在0～4cm之间，前后偏袖量上下可相等也可以不相等，结构制图如图3-58所示。

（1）根据袖窿风格确定袖山高，按前后袖山斜线长确定袖肥，按袖长、袖口围、袖口前偏量2.5～4cm、袖肘线来做袖身外轮廓图。

（2）距前袖轮廓线2.5～4cm处作前偏袖量abc，并向前袖轮廓线作垂直展开到a'b'c'，距后袖轮廓线0～4cm处作后偏袖量def，并向后袖轮廓线作垂直展开成d'e'f'。由于后偏袖量上下可不同，故可形成图中左右两种不同的袖身造型。

（3）画顺袖山弧线、袖身外轮廓线和袖口线。

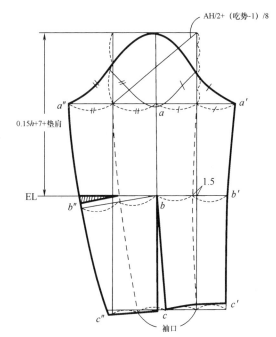

图3-57　弯身一片袖结构图

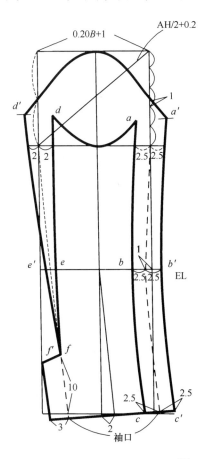

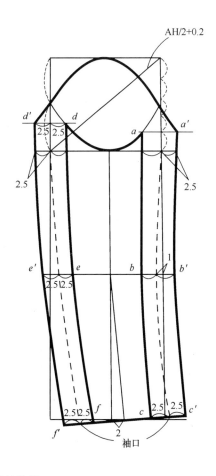

图3-58　弯身两片袖结构图

（二）分割袖结构设计

1. 分割袖的结构种类

（1）按照袖身宽松程度来分类：宽松袖、较宽松袖、较贴体袖及贴体袖。

（2）按照袖身造型分类：

①直身袖：袖中线形状为直线，故前、后袖可合并成一片袖或在袖山弧线上设计省的一片袖结构。

②弯身袖：前后袖中线都为弧线状，前袖中线一般前偏量≤3cm，后袖中线偏量为前袖中线偏量–1cm。

（3）按照分割线的形式分类（图3-59）：

①插肩袖：分割线将衣身的肩部、胸部分割，与袖山合并，如图3-59（a）所示。

②半插肩袖：分割线将衣身的部分肩部、胸部分割，与袖山合并，如图3-59（b）所示。

③落肩袖：分割线将袖山的一部分分割，与衣身合并，如图3-59（c）所示。

④覆肩袖：分割线将衣身的胸部分割，与袖山合并，如图3-59（d）所示。

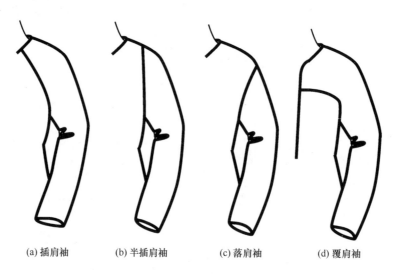

(a) 插肩袖　　　　(b) 半插肩袖　　　　(c) 落肩袖　　　　(d) 覆肩袖

图3-59　分割袖的分类

2. 分割袖的结构设计原理

从人体工程学的研究可知，人体手臂最大的活动范围在180°以内，而日常生活中，手臂的活动范围主要在90°以内。当人手叉腰时，袖山斜线与水平线的角度大约在45°的斜度。根据这个原理，在设计分割袖时，袖山斜线与水平线的角度大都以45°为依据。这是一种较为折中的设计方法。这样设计的袖子，能够较好地兼顾造型、功能两者的关系。

3. 分割袖的结构制图方法

（1）直身插肩分割袖（一片插肩袖）结构制图如图3-60所示：

①在前衣身点SP处画与水平线成α角的前袖中线（α可以在0~45°中取），在前袖中线上取袖长，取袖肘长=0.15身高+7cm+垫肩厚，在袖口处向内撇去约0~2cm的长度，画袖口线与袖中线垂直，取袖口大=袖口围–0.5cm。

②取袖山高=0~9cm（α=0°~20°）；袖山高=9~13cm（α=21°~30°）；袖山高=13~17cm（α=31°~45°）；袖山高=17cm+（0~2）cm（α=46°~65°）。在前袖窿弧线与前胸宽线相交点a处（也可不拘泥于该点，根据效果图确定a点位置），取ab=ab′，交于袖山高线确定袖肥，并连接袖口，按造型画

顺前袖中线和袖底缝线，然后按造型要求自领窝部位向袖窿处画插肩衣袖分割线。

③在后衣身点SP处画后袖中线，与水平线的夹角为α'＝α－（α-40°）/2。其余线条画法与前袖相同，后袖山高也与前袖山高相同，且要求ab=ab'，最后画顺后袖中线和袖底缝线。按造型要求自领窝部位向袖窿处划分插肩分割线。

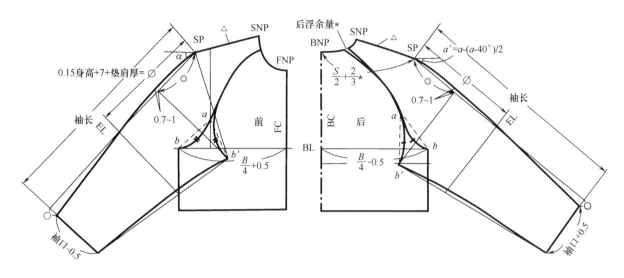

图3-60　一片插肩袖结构设计

（2）弯身贴体插肩分割袖（两片插肩袖）结构制图如图3-61所示：

①在前衣身点SP处画与水平线成α角的前袖中线（α在46°～65°之间），在前袖中线上取袖长，取袖肘长=0.15身高+7cm+垫肩厚，在袖口处向内撇去约2～3cm的长度，画袖口线与前袖中线垂直，取袖口大=袖口围-0.2cm，袖口凸量为0.5cm。

②取袖山高=17～19cm，取ab=ab'，得到袖肥，画顺袖底线和袖口线，按造型要求画准插肩袖分割线，要求袖山弧线的底部凹量与袖窿弧线底部的凹量尽量相同，前袖底缝线画成凹状弧线。

③在后衣身点SP处画与水平线的夹角为α=α－（α-40°）/2的后袖中线。在后袖中线上取袖长，在袖口处向外偏量为前偏袖量-0.5cm。取后袖山高=前袖山高，且要求ab=ab'，画插肩袖后分割线。使袖山弧线的底部凹量与袖窿弧线底部凹量尽量相同，袖底线画成凸状弧线。

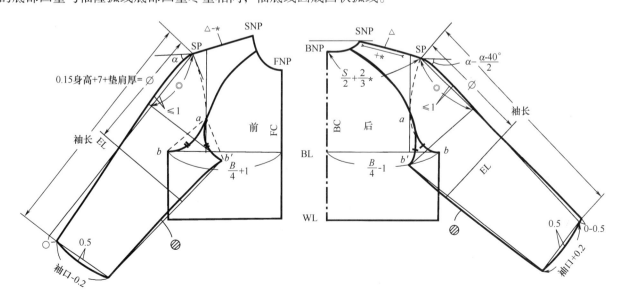

图3-61　两片插肩袖结构设计

（三）连身袖结构设计

1. 连袖的分类

连袖是圆袖与衣身组合连在一起的袖型，连袖按照袖中线与水平线的夹角α的大小进行分类，可分为以下4种，如图3-62所示。

（1）宽松型连袖：前袖中线与水平线的夹角α=0～20°，后袖中线与水平线的夹角α'=α，即图中袖长为SP～c'，袖山为SP～c，袖肥为b'～c的连袖型。此类袖下垂后袖身有大量的褶皱，形态呈宽松风格。

（2）较宽松型连袖：前袖中线与水平线的夹角α=21°～30°，后袖中线与水平线的夹角α'=α，即图中袖长为SP～d'，袖山为SP～d，袖肥为b'～d的连袖型。此类袖下垂后袖身有较多的褶皱，形态呈较宽松风格。

（3）较贴体连袖：前袖中线与水平线的夹角α=31°～45°，后袖中线与水平线的夹角α'=α-（0～2.5°）即图中袖长为SP～e'，袖山为SP～e，袖肥为b'～e的连袖型。此类袖下垂后袖身有少量的褶皱，形态呈较贴体风格。

（4）贴体连袖：前袖中线与水平线的夹角α≥45°，后袖中线与水平线的夹角α'=α-（α-40°）/2。即图中袖长为SP～f'，袖山为SP～f，袖肥为b'～f的连袖型。此类袖下垂后袖身基本没有褶皱，形态呈贴体的风格。

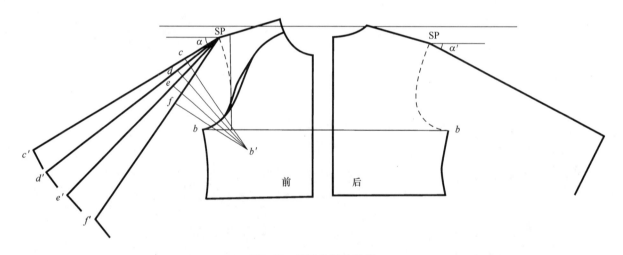

图3-62　连袖的结构种类

2. 连袖结构设计原理

连袖是将圆袖袖身与衣身合并，组合成新的衣身结构，如图3-63所示，在衣身上，将圆袖的袖山弧线大部分缝缩量去除后，将袖山与衣身合并。其圆袖袖身可以是直身也可以是弯身形状，组合成的连袖也分为直身型和弯身型。

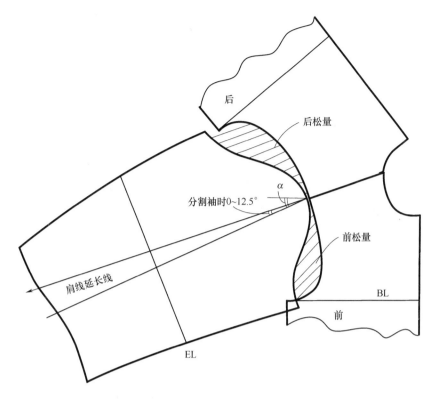

图3-63 连袖的结构设计原理

3. 连袖的结构制图方法

以较宽松风格连袖（α=21°～30°）结构制图为例：

（1）在前衣身点SP处，画与水平线成α=21°～30°的前袖中线，取长为袖长，画袖口线与前袖中线垂直，前袖口大=袖口围-0.5cm。

（2）取前袖山高=（9～13）cm+（0~2）cm，在前袖窿弧线与前胸宽线相交点a处取ab=ab'，交于袖山高线，得到前袖肥尺寸。

（3）将前袖中线与袖底缝线根据造型效果的需要画顺。

（4）在后衣身点SP处，画与水平线成α°角的后袖中线，取长为袖长，画袖口线与后袖中线垂直，后袖口大=袖口围+0.5cm。

（5）取后袖山高=前袖山高，且在后袖窿弧线与后背宽线相交的点a处取ab=ab'，交于袖山高线，得到后袖肥尺寸。

（6）将后袖中线及袖底缝根据造型效果画顺时，应使后衣袖与衣身的交点长度，与前衣袖与衣身的交点长度相同，前后袖底缝长度应等长，如图3-64所示。

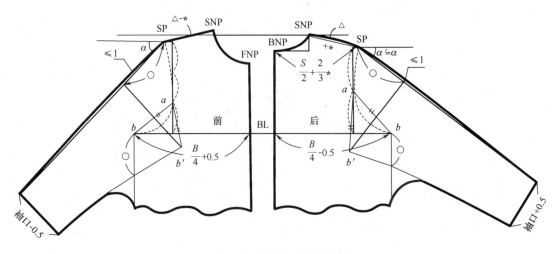

图3-64 较宽松连袖结构图

第四节 裙装结构设计原理与应用

一、裙装结构基本理论

（一）裙子的分类及其名称（图3-65）

按裙子的廓型分为：直身裙、A型裙、波浪裙等。

按裙长分为：迷你裙、及膝裙、长裙、拖地长裙等。

按分割的片数分为：一片裙、两片裙、四片裙、六片裙、八片裙等。

按裙子的廓型分为：育克裙、节裙、圆裙、鱼尾裙等。

图3-65 常见裙装廓型

（二）裙子基本纸样结构线名称（图3-66）

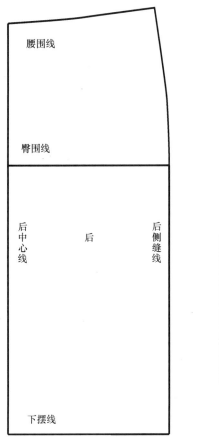

图3-66　裙子结构线名称

（三）裙省的设计原理

裙省的作用就是为收去腰围和臀围之间的差值，消除二者之间多余的布料。裙省的设计包括其位置、方向、长度、省量、数量等。

1. **裙省的位置、方向及长度设计**

和上身的胸凸不同的是，下半身的腹凸和臀凸不是集中于一点，而是相对分散于一周。所以裙省的位置是环绕腰围一周均匀分散，省开口于腰围线，省尖方向指向臀围线。

裙装前片的省道是为腹凸而设，裙装后片的省道是为臀凸而设。因臀凸比腹凸稍偏下，所以前片的省道较短，后片的省道较长，并且臀凸量比腹凸量大，故后片的省道量比前片的省道量大。具体而言，前片的省道长在中腰线附近，一般为8～9cm，后片的省道长在中腰线以下，臀围线以上，一般为11～13cm。

2. **裙省的省量、数量设计**

裙省的省量一般取1.5～3cm，过大会使省尖过于尖凸，即使熨烫处理也难以消除；过小则起不到收省的效果。在设计时，也要考虑到具体的腰臀差，如果省量大于3cm，则将一个省分为两个省；如果省量小于1cm，则将两个省合为一个省。

一般来说，整个腰围的裙省数量为4、6、8个，若为4个或8个，则前后各取一半，并以对称形式出现。若为6个，则前2后4，也对称出现。还有一种情况是将省道并入分割缝中，此时省道的数量由分割缝的数量决定。

3. 裙省的形状设计

省道的形状主要有直省、凹型省和凸型省。人体的腹部和臀部都是浑圆外凸的，理论上应该采用凹凸省。但由于裙省一般情况下都不大，所以具体应用中还是以直省为主。但对于较丰满的体型，比如欧美人，在设计较合体的裙装时，应考虑使用凹凸省。

二、裙装原型结构设计

（一）裙装原型的结构设计

1. 裙装原型制图尺寸（表3-2）

裙装原型制作所需的尺寸有腰围、臀围、裙长。裙装原型采用中间体160/68A。规格尺寸为：

腰围：净腰围=66cm，臀围：净臀围=90cm，臀高（指腰围线到臀围线之间的距离）：身高/10+2cm=16cm+2cm=18cm，裙长：人体膝长+腰宽=57cm+3cm=60cm。

表3-2　裙子原型规格尺寸

单位：cm

部位	号型	腰围（W）	臀围（H）	裙长	臀高
尺寸	160/66A	66	90	60	18

2. 裙装原型的结构制图（图3-67）

（二）裙装原型的分析

1. 腰、臀部放松量

腰、臀松量一般取人体自然状态下的动作幅度。表3-3是各种动作引起的腰围、臀围尺寸变化平均增加量。

由于人体腰部对于压力有一定的承受力，腰围最小放松量可以是0，考虑到成衣腰部的美观，腰围的最大放松量不用取到最大形变量2.9cm，而是取2cm。也就是说，裙装腰围放松量为0～2cm。同理，裙装臀围的放松量也和运动时人体臀围的形变量密切相关，臀部有直立、坐下、前屈等动作，在这些运动中，臀部会受到影响而使尺寸增加。很明显，当人体正坐在地上前屈90°时，臀围形变量最大为4cm。所以成衣臀围放松量的最小值为4cm。

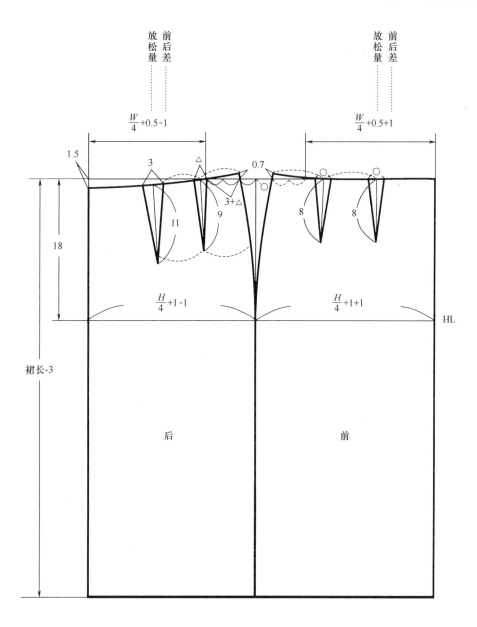

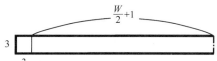

图3-67 裙装原型结构设计

表3-3 腰、臀围变化平均增加量   单位：cm

动作	腰围平均增加量	臀围平均增加量
直立前屈45°	1.1	0.6
直立前屈90°	1.8	1.3
正坐在椅上	1.5	2.6
坐在椅上前屈90°	2.7	3.5

续表

动作	腰围平均增加量	臀围平均增加量
正坐在地上	1.6	2.9
正坐地前屈90°	2.9	4.0

2. 裙摆

裙摆的设计是设计裙子结构的重要因素，它的宽度和形式设计要适应人体步行、跑跳、上下楼梯等基本动作的要求，详见表3-4。裙子摆幅至少不能小于一般步行和一般登高的两膝围长，若因款式所限，裙摆小于必需的尺寸，可设开衩或活褶，如窄裙（又叫一步裙），且开衩止点需高于膝关节，以补充其运动量的不足。

表3-4 两膝围度的变化　　　　　　　　　　　　　　　　　　单位：cm

动作	步幅	两膝围长	宽松平均量
一般步行	50~60	87~100	93
登梯	27	99~117	105
登台阶	32	123~140	132
乘车	46	128~145	138

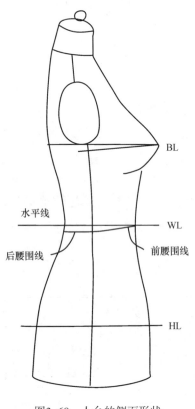

图3-68　人台的侧面形状

3. 后腰围

在人台上制作裙装原型，其立体形态如图3-68所示。裙子质量标准的一个重要方面，是看成品的裙摆穿在身上时是否呈现水平状态，而这种水平状态的一个根本原因不是裙摆本身，而是制约裙摆的腰围线。由于亚洲女性臀凸较小，根据人体平衡关系（臀凸靠下，腹凸靠上），裙子穿在身上之后，裙腰围线呈现前高后低的非水平状态，根据造型对称的原则，后中心线应短一些才能达到实际裙摆的水平效果。故纸样不仅无后翘，还需要下降0.5 ~ 1.5cm。而欧美妇女体型臀部较挺，所以裙装的原型在后中腰围处是上翘，也就是说后中心线比前中心线长。

三、裙装原型应用

（一）廓型变化

裙装若按廓型分，可分为直身裙、A型裙、波浪裙。从表面看，影响廓型的是裙摆，实质上制约裙摆的关键在于裙腰围线的构成方式。通过腰省的转移，裙腰围线的弧度增大，带动了裙摆线的弧度增大，从而导致了廓型的变化。

以直身裙和A型裙为例进行分析。从图
3-69可以看出，直身裙和A型裙相比较，直身
裙的下摆线及腰围线为直线，而A型裙的裙摆
线是弧线，A型裙的腰围线更弧。

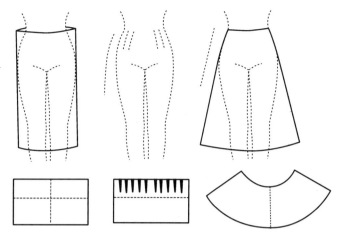

图3-69　裙装廓型变化

（二）裙子的分割及收褶变化

1. 分割变化

裙装上的分割大体可分为竖线分割和横线分割。采用分割的主要目的是为合体、增加下摆量、装饰。
其中竖线分割的主要目的是增加下摆量，上文提到的合并腰省也可以增加下摆量，但这种方法的增加量有
限，有时达不到设计效果，这时就需要增加分割线，转省入缝，并在分割线中再追加更多的下摆量，如图
3-70所示，六片裙、八片裙就是这样变化得到的。

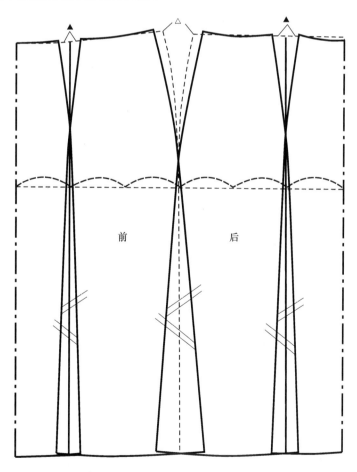

图3-70　竖线分割

横线分割的主要目的是转省入缝，使裙装在腰臀部合体美观，获得更多款式变化。最常见的是育克裙，如图3-71所示。

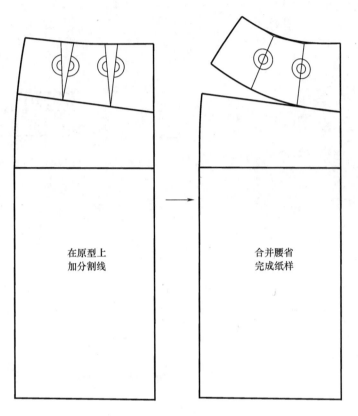

在原型上
加分割线

合并腰省
完成纸样

图3-71　横线分割

2. 收褶变化

省道的作用是收去多余量，把平面转化为曲面。收褶也能达到同样的效果，裙装原型腰省可以用收褶代替。褶的分类大体有两种：自然褶和规律褶。规律褶的应用以百褶裙为代表。收褶变化一般会和廓型变化结合使用。

（三）裙子的实例分析

1. 直身裙

直身裙是造型结构较为简单的一种裙型，一直被人们广泛接受，并逐步发展变化出许多直身类裙子，如图3-72所示。

最简单的直身裙结构保留了裙装原型的基本框架，即臀围线以上是合体的，而臀围线以下是直身状。与裙装原型的主要区别是后片下摆中部做开衩设计，上部采用开口装隐形拉链。

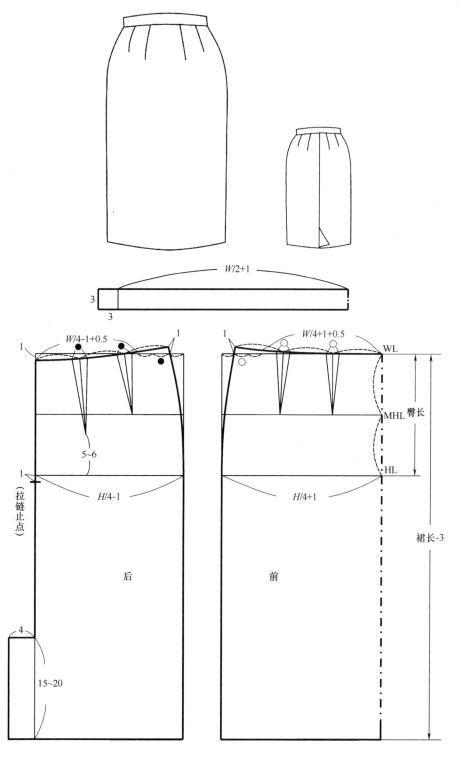

图3-72 直身裙款式图与结构图

2. 波浪裙

波浪裙也称为喇叭裙，臀围处比较宽松，通常没有省道。通过裙装原型将腰省合并，下摆展开，但在臀围加放量和下摆展开量都比较大，其结构随裙片的数量及下摆的大小而变化。裙片的数量有一片、两片、四片、六片、八片等形式，裙片下摆大小可用侧缝倾斜角（除一条裙缝未缝合外，将其余都缝合，将裙摊平后，该裙缝所形成的夹角）计算，有45°、60°、90°、120°、150°、180°、210°、240°、270°、300°、360°等。四片波浪裙款式图及结构图如图3-73所示。

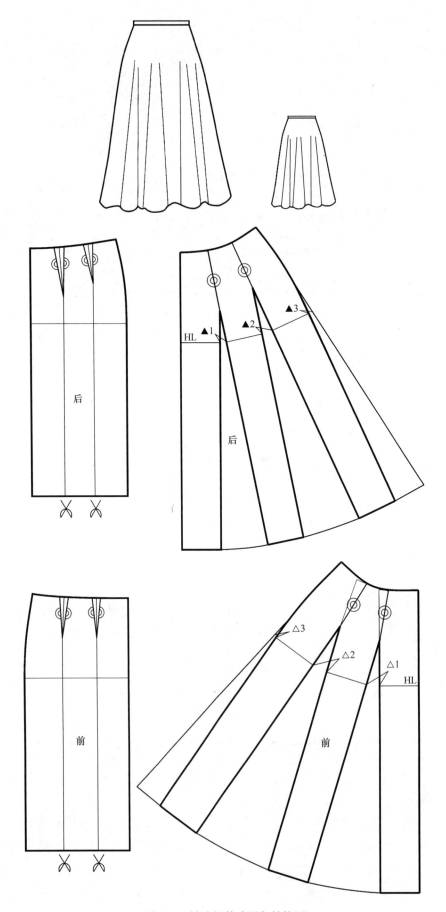

图3-73 波浪裙款式图与结构图

3. 鱼尾裙

八片鱼尾裙，是用八片梯型布接在一起形成的鱼尾造型。从中臀围到臀围合身，在下摆形成喇叭形。款式图及结构图如图3-74所示。

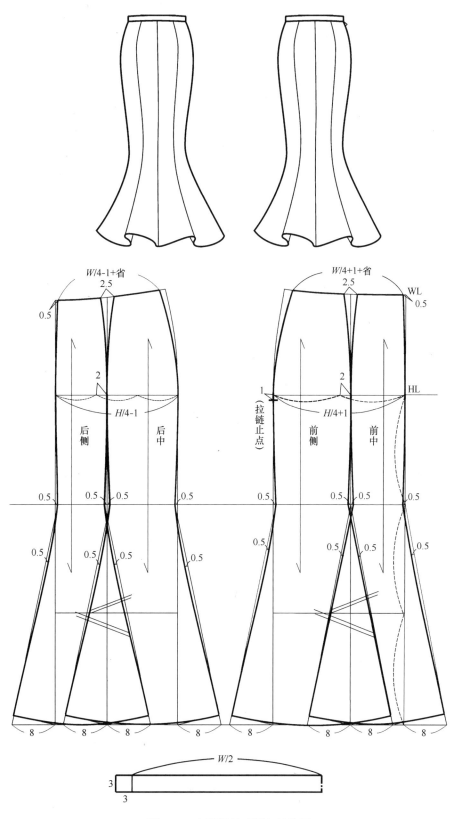

图3-74　鱼尾裙款式图与结构图

第五节　裤装结构设计原理与应用

一、裤装结构基本理论

　　裤子是下装最主要的形式之一，它是根据人体腰部、臀部和两腿形态及运动机能设计。裤子的实用性很强，便于人类日常活动和生产劳动，而且还可以保护人体免受外界的损伤。随着时代的发展，裤子款式越来越多，穿用范围也越来越广，不受性别、年龄、季节、场合等条件限制，因而裤子在人的生活中占据着非常重要的地位。

（一）裤子的结构种类（图3-75）

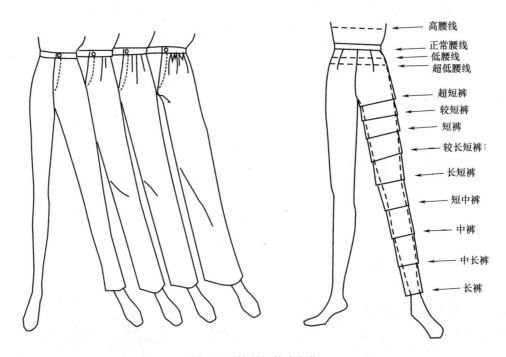

图3-75　裤子的款式变化

1. 基本结构类裤

（1）按照裤子臀围的放松量分类：

贴体类裤：臀围放松量为0~6cm的裤子。

较贴体类裤：臀围放松量为6~12cm的裤子。

较宽松类裤：臀围放松量为12~18cm的裤子。

宽松类裤：臀围放松量为18cm以上的裤子。

（2）按裤子长度分类：

超短裤：裤长<0.4×身高-15cm的裤子。

短裤：裤长=（0.4×身高-15cm）~（0.4×身高+5cm）的裤子。

中裤：裤长=（0.4×身高+5cm）~0.5×身高的裤子。

中长裤：裤长=0.5×身高~（0.5×身高+10cm）的裤子。

长裤：裤长=（0.5×身高+10cm）~（0.6×身高+2cm）的裤子。

（3）按照裤脚口尺寸大小分类：

直筒裤：裤脚口尺寸=（0.2×臀围–3cm）~（0.2×臀围+5cm），中裆量与裤脚口量基本相等的裤子。

喇叭裤：裤脚口尺寸>0.2×臀围+5cm，中裆量比裤脚口量小的裤子。

锥裤：裤脚口尺寸<0.2×臀围–3cm，中裆量比裤脚口量大的裤子。

2. 变化结构类裤

（1）具有分割线的裤子：基本结构类裤子与分割线（纵向、横向、斜向或不规则方向）组合，成为具有分割线的裤子。

（2）高腰类裤：基本结构类裤子与高腰组合，裤子腰线在人体正常腰线以上3~18cm，成为高腰类裤子。

（3）低腰裤：基本结构类裤子与低腰组合，裤子腰线在人体正常腰线以下，成为低腰类裤子。

（4）垂褶裤：基本结构类裤子+垂褶组合，侧缝或裆缝处有垂浪，成为垂褶类裤子。

（5）抽褶裤：基本结构类裤子与抽褶组合，抽褶有规则和不规则之分，成为抽褶类裤子。

（二）裤子的结构线名称和作用

虽然裤子各线的名称很不统一，但是命名的依据都是根据所处人体位置和作用。裤片结构线主要有：前腰围线和后腰围线、前中线和后中线、前侧缝线和后侧缝线、前裤脚口线和后裤脚口线、前裆弧线和后裆弧线、前下裆线和后下裆线、前烫迹线和后烫迹线、臀围线、中裆线。下面就图3-76加以说明。

1. 前腰围线和后腰围线

裤子的前、后腰围线弯曲程度不同，后腰围线由于后翘的作用而呈斜线，这是因为受横裆的牵制而需要增加活动量，故后翘的大小取决于活动量的大小。

2. 前中线和后中线

裤子的前、后中线和裙子的前、后中线名称相近，但结构形式和作用有所区别。裙子的前、后中线均为直线状态，而裤子的前、后中线由于横裆的作用均已变形成弧线。传统裁剪中，将此线称为上裆、立裆或直裆，是为了与横裆统一，并构成封闭的裆圈。

3. 前侧缝线和后侧缝线

前、后侧缝线是作用于髋骨和下肢外侧所设计的结构线。由于它们都是为腰围线以下侧体所设计的接缝，所以曲度不同但长度最终应是相等的。

4. 前裤脚口线和后裤脚口线

也叫前、后裤摆线，由于臀部比腹部的体积大，因此，一般后脚口宽比前脚口宽要宽，以取得与臀部比例的平衡。

5. 前裆弧线和后裆弧线

也称为裆弯线，是通过腹部转向臀部的前后转弯线。前裆弧线所处由于腹凸靠上且窄而不明显，所以弯度小而平缓，后裆弧线所处臀凸靠下而挺起，弯度较急而深。

6. 前下裆线和后下裆线

也称为内缝线，指作用在下肢内侧所设计的结构线。由于裤子的前后下裆线是为下肢内侧设计的接缝，这两条线的曲度各有不同，后下裆线略短是为了拔裆的考虑，才能构成裤筒的立体效果。

7. 前烫迹线和后烫迹线

也称为挺缝线，是确定和判断裤子造型及产品质量的重要依据。其品质标准是中裆以下的前后烫迹线两边的面积相等，烫迹线必须与面料的经向一致。

8. 臀围线

裤子的臀围线除了判定纸样臀部的位置外，还制约着裆的深度，一旦确定了臀围线的位置，裆深就固定。即使臀围线以上部分变化很大，裆深也不能改变。当臀部形体起伏较大时，后臀围线还会改变其水平状态。

9. 中裆线

以膝关节位置确定，也称膝围线或髌骨线。它是为裤筒造型设计提供的基准线，由于裤子的设计很少采用裤筒极为贴身的造型，因此它不起结构作用，只在外形上作为变化的参照坐标。前、后中裆线变化应该是同步。

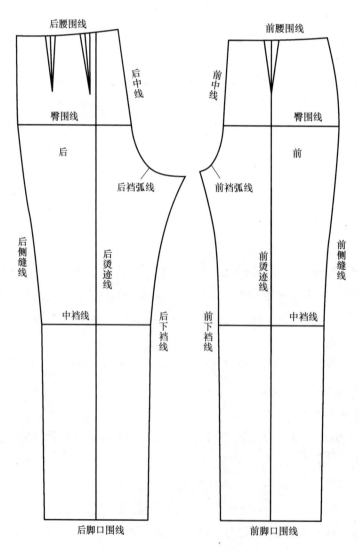

图3-76　裤子的结构线

二、裤装原型结构设计

（一）裤装原型结构设计

1. 裤装原型制图尺寸

女裤款式千变万化，但其结构变化具有一定的规律，各种款式的裤子都可以在原型结构基础上进行变化。在制图时需要掌握以下几个控制部位的数据：裤长、腰围、臀围、上裆（股上长）、脚口围。而款式的变化则是对控制部位长度和围度及它们之间的关系进行变化。制作原型的规格尺寸见表3-5。

表3-5　裤装原型规格尺寸表

单位：cm

部位	号型	腰围（W）	臀围（H）	裤长	上裆	脚口围
尺寸	160/66A	68	90	98	25	22

2. 裤装原型制图

（1）裤子原型基础线如图3-77左图所示：

①作矩形：作宽为$H/4+1cm$，高为上裆的矩形。上边线是腰围线，下边线是横裆线，右边线是前、后中辅助线，左边是侧缝辅助线。

②作裤脚口线：从腰围线向下量取裤长尺寸，画出腰围线的平行线。

③作臀围线和烫迹线：从横裆线向上取上裆的1/3作横裆线的平行线为臀围线。把矩形中的横裆线分为四等份，每等份用"△"表示，△=（$H/4+1cm$）/4。将中点靠右的一份再分三等份，在靠近中点的1/3等分点上引出垂线为烫迹线，上画至腰围线，下至裤脚口线。

④确定前、后裆弯宽度：在横裆线右边的延长线上量取△-1cm为前裆弯宽；在此基础上追加2△/3为后裆弯宽。分别作为前、后裆弯的止点。

⑤确定膝围线：在横裆线与裤脚口线之间的中点上移动4cm作水平线。

（2）前裤片完成线，如图3-77右图所示：

①作前中线和裆弯线：矩形右边线与腰线交点内撇1cm连接到臀围线与右边线交点，再弧线连至前裆弯止点，前裆弯弧线具体画法见图。

②作前腰围线和前省：在腰围线上，从前腰围线起点取$W/4+3cm$，上翘0.7cm为侧腰点，从该点到腰辅助线用微凹线绘出腰围线。收腰省3cm，省位并入烫迹线，省长为腰围线到臀围线的1/2处下降1.5cm。

③完成前下裆线和侧缝线：前裤脚口宽取前臀宽-3cm，并在裤脚口线与烫迹线的交点左右对等分布定点。前膝围线是在前裤脚口宽的基础上两边各加1cm得到并定点。臀围线与左边线交点为前侧缝线切点。至此确定前下裆线和侧缝线的轨迹，然后用曲线连接，完成前裤片。

④作后中线和裆弯线：从横裆线与右边线的交点向内移1cm，以此点向上交于腰围线右边线和烫迹线之间的中点并上翘，翘量为△/3得到后腰点（后翘略有增加）。此线与臀围线的交点是后裆弯起点，此点到后腰线为后中线，后裆弯轨迹靠近裆弯夹角的1/3等分点和后裆弯下移1cm（落裆）的位置，用凹曲线连接完成后裆弯。

⑤作后腰围线和后省：从后腰点到腰辅助线延长线之间取$W/4+4cm$，并于前腰侧点一样翘起0.7cm修顺后腰围线。后腰收两省，每个大2cm，位置为后腰三等份处，靠后侧缝省与前片同长，靠近后中缝省比侧

省长1cm。

⑥完成后片侧缝线和后下裆线：为取得前片和后片肥度一致，后裆弯起点和前裆弯起点的距离，在后片臀围线上补齐，并依此作为后片侧缝线的臀部轨迹。后片裤脚口和中裆宽分别比前片增加2cm。

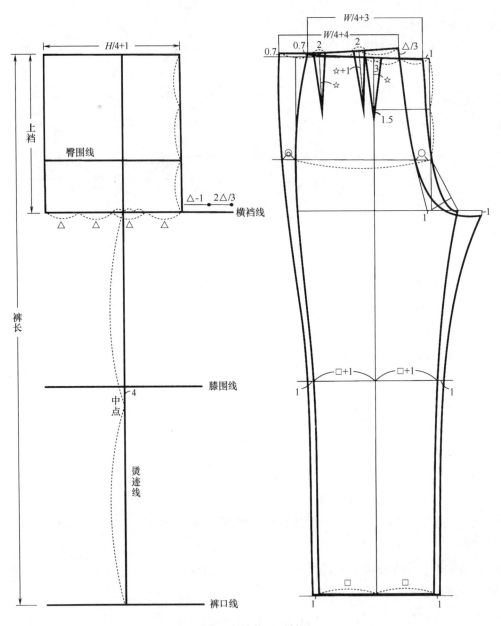

图3-77　裤装原型制图

（二）裤装原型主要部位结构分析

1. 上裆部位

上裆部位是指腰围至臀股沟（躯干下部与下肢上部的连接）的水平部位。由腰部、腹部、臀部、两侧髋骨及大腿根等凹凸曲面组成，是裤子结构设计的重点及难点部位。

（1）上裆长：上裆也叫立裆或直裆，指腰部到横裆线之间的长度。上裆的确定非常重要，若上裆过长，裤子会吊裆不美观；若上裆过短，裤子会兜裆不舒服。确定上裆长一般有测量法和计算法两种。测量法在前面已经介绍。计算法一般采用臀围/4或臀围/10+裤长/10+6或2/5围裆。由于男女老幼体型的差异，有时上裆长度还需调整。

（2）省道设计：裤片的省量设计和一般的省量分配不同，这是因为裤子的省量设定不带有更多的造型因素，而是要尽可能接近人体，因此有一定的局限性。各种原型省量设定都不尽相同，但都要遵循一个原则，即前片的省量一定要小于后片的省量，而不能相反。这是由于臀部的凸度大于腹部的凸度所决定的。在这样的原则下再进行省量的平衡，其结构都是合理的（图3-78）。

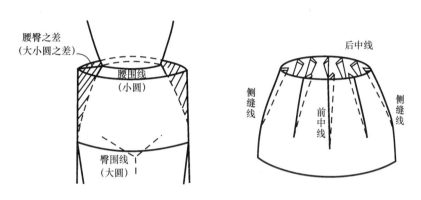

图3-78 臀部台体的分省处理

从人体腰围臀围局部特征分析，臀大肌的凸度和后腰围度差最大，大转子的凸度和侧腰围度差量次之，最小的是前腹部凸度和前腰围度差量。裤子省道平衡设计的依据就在此，同时，为了使臀部造型丰满美观，将过于集中的省道进行平衡分解。这就是原型中裤子后片设计两省，而前片设计一省的根据（图3-79）。

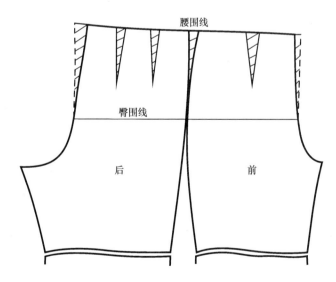

图3-79 前后裤片省量从小到大的分布

（3）前后裆弯与裆宽设计：裤子裆弯的形成和人体臀腹部与下肢连接处的结构特征分不开。从侧面观察人体，上裆部位呈倾斜的椭圆型，如图3-80所示。臀凸大于腹凸，故前裆弯弧度小于后裆弯弧度。裆宽反映躯干下部的厚度，经实测，裆宽占臀围的1.6/10左右。前裆宽和后裆宽的比例为1∶3，这主要是由臀部活动规律及臀腹凸比例所致。

　　裤子原型的裆弯设计，是最小化的设计，是满足合体和最一般运动的要求。因此，当缩小裆弯的时候，其作用就可能出现负值，这就需要增加材料的弹性，以取得结构的平衡。用针织物或弹力牛仔布料所设计的裤子横裆变小就是这个道理。相反，当增加裆弯时，必须注意3点：

　　①无论横裆怎样增加，其深度都不宜改变。

　　②无论横裆量增幅多少，都要保持前后裆宽的比例。

　　③增加横裆量的同时，臀部松量也相应增加，使造型比例趋于平衡。

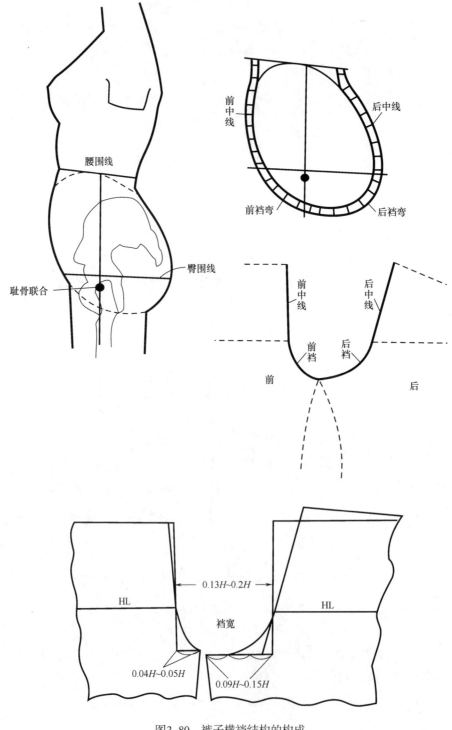

图3-80　裤子横裆结构的构成

（4）后裆斜度、后翘与后裆弯宽设计：后裆斜度是指后裆斜线由于后裆缝上端腰部处撇进量与后裆直线所呈的角度。此量与臀部的挺度、臀腰差、后片省量及裤型等因素有关。在结构制图时一般有3种方法：

①角度法：正常体合体裤一般为12°左右，翘臀体合体裤或正常体紧身裤此角度应加大。而平臀体西裤或正常体宽松裤此角度可减小。

②比值法：只是利用比值制图，实质是角度。采用15∶3.5为正常体，其他体型在此基础上微调。

③定数法：比如从烫迹线偏移2cm等，裤装原型即用此方法。

后翘是使后裆斜线的长度增加而设计，是为满足人体在臀部前屈等动作时，后裆线的增长，一般长度以2~3cm为宜。后翘、后裆斜度与后裆弯的长度都是为臀部前屈时，裤子后身用量增大而设计的，均取决于臀大肌的造型。它们的关系呈正比，即臀大肌的挺度越大，其裤片结构的后裆斜度越明显（后中线与后腰围线的夹角不变，接近90°）、后翘越大，使后裆弯自然加宽。因此，无论后翘、后裆斜度和后裆弯如何变化，最终影响它们的是臀凸，确切地说就是后裆斜度的大小意味着臀大肌挺起的程度。后裆斜度越大，裆弯宽度随之增大，同时臀部前屈活动造成的后身用量就多，后翘也越大。后裆斜度越小，各项自然用量就小（图3-81）。由此可见，无论是后翘、后裆斜度还是后裆弯宽，其中任何一个部位发生变化，其他部位都应随之改变。

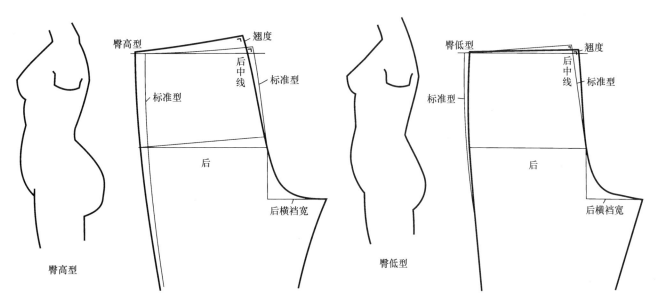

图3-81　后裆斜度、后翘和裆弯的制约关系

（5）落裆量设计：在裤子的结构制图中，后片上裆的深度一般要大于前片上裆的深度，把前后片上裆深度之差称为"落裆"。

从裤子平面制图中看出，落裆是由于前后裆宽不同造成。前后裆宽不同，造成前后下裆线不一样，如果不进行修正，会给缝制工艺带来麻烦，所以为使前后下裆线长能够合理地缝合（缝合时后下裆线需要拔开，故比前下裆线短点），需要将后下裆线缩短。缩短量即落裆量。所以落裆随前后裆宽的变化而变化（图3-82）。裙裤前后裆宽相等，故没有落裆。

从裤子的立体造型分析，形成落裆的因素是裤管的锥度。当裤管为筒形（横裆围与裤脚口围一样大）时，展开后上端为直线，无下落量；当裤管为上大下小的锥形时（横裆围比脚口围大，是裤子的一般规律）展开后上端为向下弯曲的曲线，曲线与水平线之间的差即为落裆量。在臀围相同的情况下，脚口越大，裤管的锥度越小，落裆量就越小，反之，落裆量越大。裙裤的落裆为0，正常长裤的落裆量为0.8~

1cm，短裤的落裆量为2~3cm。

（6）裤袋设计：裤子一般采用侧缝插袋。后袋及表袋可根据爱好及流行取舍。有的裤子由于做得比较合体，侧缝袋容易绷开张口，可采用前片斜袋或弧线袋（如牛仔裤前口袋）。袋口大小应以手的宽度加上厚度再加适当松量为基础。侧袋口大一般为15~17cm，后袋口大13~14cm为宜。

2. 下档部位

下档部位指臀股沟至裤脚口之间的部位，俗称裤筒，它是裤子结构的另一组成部分。

（1）裤脚口设计有三种方法：

①根据规格表，一般为客供。

②根据服务对象量取足围尺寸进行加放。一般基础型裤子为足围尺寸加上10cm。

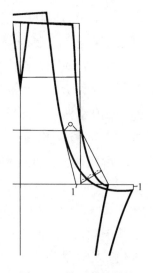

图3-82 裤子落裆量的设计

③比例推导，也是较理想的方法，即由臀围来推导，基础型裤子为：前裤脚口围=前臀宽-3cm，或臀围/5。锥裤、直筒裤、喇叭裤的裤脚口围依次从小到大，还要考虑与中档围的对比。

（2）中档设计：中档线位置的设计一般根据裤子款式的不同略有变化。极度贴体裤子中档线在膝关节处，但大多款型裤子中档位置并不贴体，所以要根据造型上下移动。一般为向上移动，这样可以在视觉上拉长小腿。裤原型中档位置是裤脚口到横档线位置的中点上移4cm，一般变化款式时，还需将此线向上移动。

三、裤装原型的应用

（一）裤子的廓型变化

裤子的廓型基本形式有四种：即H型（直筒裤）、Y型（锥裤）、A型（喇叭裤）、菱型（马裤）。它们各自的结构特点是由其造型所决定，影响裤子造型的结构因素有臀部的收紧和放松、裤脚口的宽窄和升降、中档的宽窄和升降，而且这些因素在造型上是互为协调的。当强调宽松的臀部时，相应地要收紧裤脚口，在廓型上形成上大下小的锥形裤，在结构上往往采用腰部打褶及高腰等形式处理；相反，当收紧臀部时，相应要加宽裤脚口，加长裤长，且提高中档线，呈现上小下大的喇叭裤型，在结构上多采用臀部无褶和低腰设计；而筒裤属于中性裤，在裤筒结构不变的情况下，臀部的结构处理较灵活；而菱型马裤结构是一种特殊的传统造型结构，要特殊处理。这几种裤子廓型的结构组合构成裤子造型变化的内在规律，因此这种影响裤子廓型的结构关系对整个裤子的纸样设计具有指导性（图3-83）。

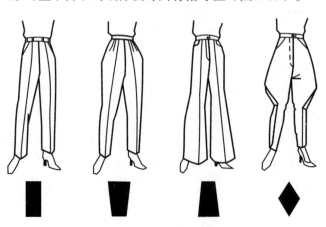

图3-83 裤子廓型的四种基本形式

（二）裤子的腰位、打褶及分割设计

在理解裤子廓型的总体结构之后，就要进行裤子的局部设计。裤子的总体结构主导局部，而又依赖于局部结构来强化。

1. 裤子腰位设计

裤子腰位是指以裤子正常腰围线位置为准上下浮动的腰围线设计。裤子腰位变化有三种：高腰、中腰和低腰。但是选择不同腰位设计时不能孤立对待，一般要和裤型的选择协调。高腰裤一般要选择Y型，即锥裤等结构；而低腰裤应选择A型，即喇叭裤等结构。而中腰因与人体实际腰位吻合，它的选择宽而灵活，可以是任意廓型的裤子。

2. 裤子打褶设计

裤子打褶的设计，一般多在中腰裤上采用，因为中腰裤的适应性最强，容易和褶的变化相结合，而且中腰作为固定褶的位置最理想。为了强调臀部的膨胀感，高腰裤也常用打褶的方式实现。裤子常用的褶为活褶和缩褶，偶尔也用波浪褶。裤子打褶所使用的廓型主要是Y型和菱型。

3. 裤子的分割设计

前面讲过，分割设计是为了使服装更加合体。故分割设计常用在合体裤子上。如马裤、牛仔裤的分割线都能体现这种功能。同时，为了某种裤子的特殊造型而采用分割结构也是很常见的，但不是纯装饰性，而是带有某种功能，如布料的限制、特殊效果、特殊场合和顾客的需要等。

（三）裤子的实例分析

1. 锥裤

锥裤的廓型为倒梯型，它的特点是强调臀部，收紧裤脚口并适当提高裤脚口位置。结构上采用腰部打褶及高腰等形式处理。

（1）高腰作省锥裤实例：只是纯粹的高腰设计，臀围并没有加大，前、后各设四省；为了不破坏臀部的流线，口袋和开口都并入侧缝线。具体制作方法是采用裤子基本纸样，先将裤脚口做收窄处理，每边收掉2.5cm，将腰位平行提高5cm，在实际腰围线上做菱型省。把前身的原省量一分为二，后两省保持不变。另外，为了不影响腰部运动，后腰中间设置小开衩（图3-84）。

（2）高腰打褶锥裤实例：打褶是为了强调臀部的蓬松感。具体做法是在图3-84的基础上，用切展的方法在前裤片增加三个活褶量（包括省量），同时收缩裤脚口。后裤片对应前身用一般高腰设计（后片纸样与图3-84后片纸样通用），这种高腰收褶的结构处理，比前片收省的高腰裤子更显膨胀，更富有女性化的特点。造型上弱化烫迹线，强调轮廓线（图3-85）。

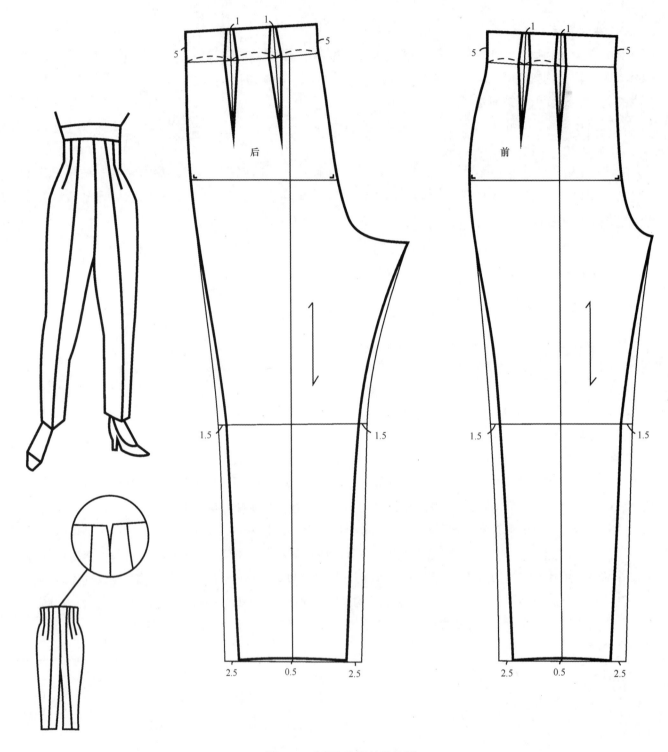

图3-84 高腰打省锥裤结构图

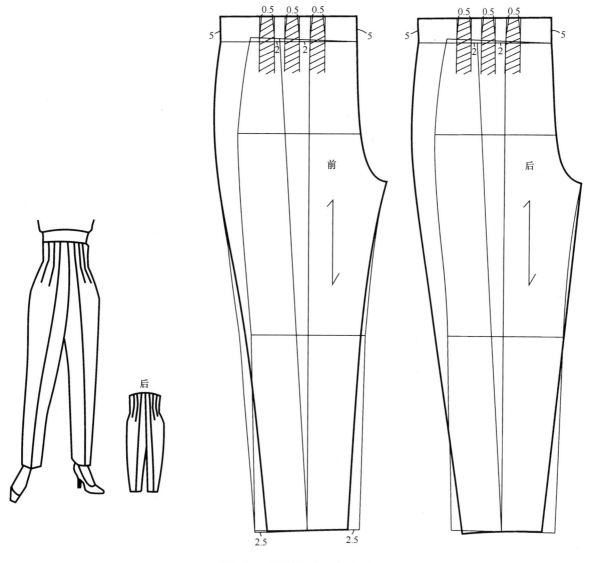

图3-85 高腰打褶锥裤结构图

2. 喇叭裤

喇叭裤的廓型为正梯型，它的特点是收紧臀部，相应要加宽裤脚口，且提高中裆线，呈现上小下大的喇叭裤型，在结构上多采用臀部无褶和低腰设计。

（1）低腰喇叭裤实例：由于低腰，裤腰位下降，使臀部尺寸做收缩处理，通过余省的平衡分解使前腰无省，后腰一省。款式上采用明门明袋的设计。具体做法：采用裤子基本纸样，将腰围线下降6cm，前片腰位降低以后，剩余的省量很小，并入侧缝线和前中线，后片两省并成一个，放在裤片的中间，剩余量在后中线去掉。裤脚口每边扩大2.5cm，同时裤长加长3～6cm至足面（考虑鞋跟高度），并在裤脚口围线做前凹后凸的处理。腰头直接从去掉的腰部纸样截取合并省获得（图3-86）。

（2）低腰牛仔喇叭裤实例：该款式为传统的牛仔裤设计。是在前述中的低腰喇叭裤的基础上加入后片的横向分割组成。具体做法：采用裤子基本纸样，将腰围线下降6cm作低腰处理，前裤片无省，无育克，有曲线型口袋，并在右袋内藏一小方贴袋。后裤片臀部无省，设有育克，有两个大贴袋。这种造型的臀部很合体，所以要选择低腰喇叭型裤，采用弹性大而牢固的牛仔布。结构处理上，通过育克使一省转移，另一省在低腰时去掉。同时，前侧缝收掉余省、前后裆弯都要适当收紧，臀部造型更加贴身丰满。中裆位置上提4cm，并每边收缩1cm。裤摆按喇叭型结构处理。腰头用直丝即可（图3-87）。

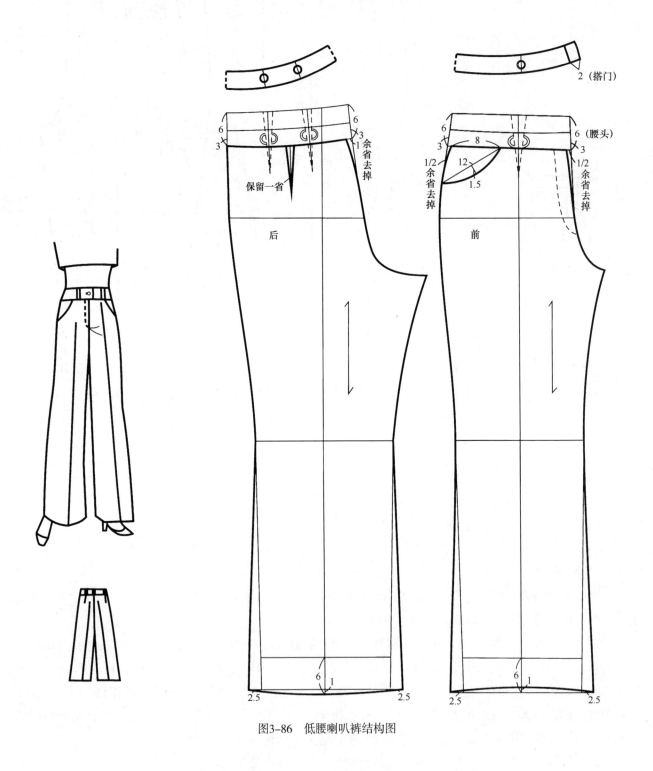

图3-86　低腰喇叭裤结构图

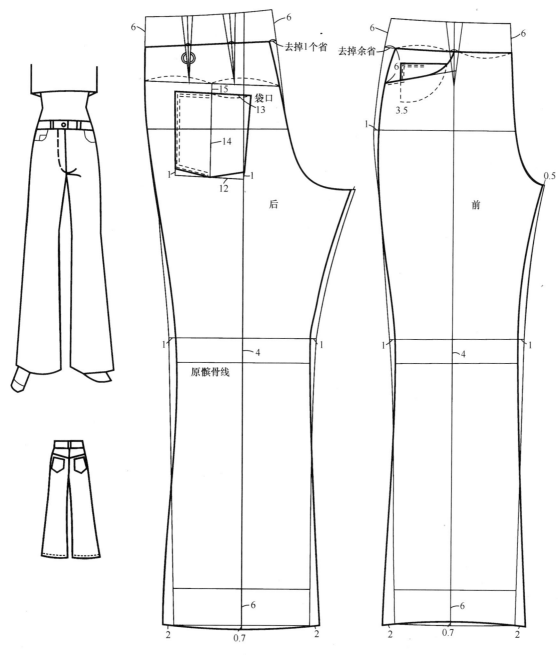

图3-87 低腰牛仔喇叭裤结构图

本章小结

- 女装中省道的形态分类和作用。
- 女装中省道转移的原则和方法。
- 女装中褶裥和塔克的分类及结构变化方法。
- 分割线的分类及其变化应用。
- 口袋、门襟、扣位的变化。
- 衣领的分类及结构设计。

- 衣袖的分类及结构设计原理。
- 袖山、袖身结构设计。
- 袖窿与袖山的配伍设计。
- 裙子的分类。
- 裙省的设计原理。
- 裙装原型结构设计。
- 裙装原型的应用。
- 裤子的结构种类。
- 裤装原型结构设计。

思考题

1．请按照下面衣身的款式图（图3-88~图3-95），画出衣身的结构图。

图3-88　衣身款式1　　　　　　　　　图3-89　衣身款式2

图3-90 衣身款式3

图3-91 衣身款式4

图3-92 衣身款式5

图3-93 衣身款式6

图3-94　衣身款式7　　　　　　　图3-95　衣身款式8

2. 请按照下面衣领的款式图（图3-96），画出领子的结构图。

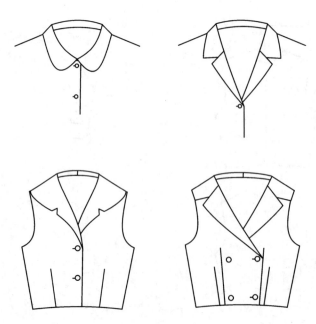

图3-96　衣领

3. 请按照下面裙子的款式图（图3-97~图3-105），画出裙子的结构图。

图3-97　裙1

图3-98　裙2

图3-99　裙3

图3-100　裙4

图3-101　裙5

图3-102　裙6

图3-103　连衣裙1

图3-104　连衣裙2

图3-105　连衣裙3

4. 请按照下面裤子的款式图（图3-106~图3-108），画出裤子的结构图。

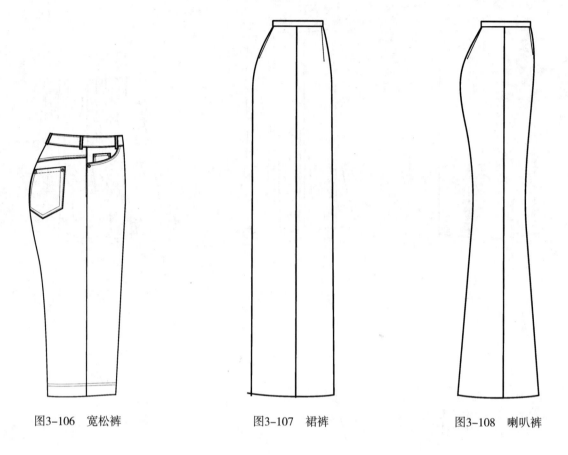

图3-106　宽松裤　　　　　　图3-107　裙裤　　　　　　图3-108　喇叭裤

实践案例——

女装结构设计实例

课题名称：女装结构设计实例

课题内容：1. 上衣的结构设计

2. 裙装的结构设计

3. 裤装的结构设计

课题时间：课堂教学36课时

教学目的：让学生掌握创意型女装结构设计的原理和方法。

教学方式：理论讲授，操作示范。

教学要求：要求学生掌握女装不同款型的结构设计变化。

课前准备：日本新文化式女装原型1：5和1：1的纸样。

第四章　女装结构设计实例

只要掌握前面所讲的设计原理与应用变化的操作方法，就可以举一反三地进行服装结构设计。本章给出上衣、裙装、裤装17款服装结构设计的应用实例。本章案例均采用原型进行制图，其中上衣采用160/84A的原型，下装采用160/66A的原型。

第一节　上衣的结构设计

上衣的结构设计在设计中要注意以下因素：

（1）服装风格定位，确定款式长短，造型紧身、合体还是宽松。

（2）面料特点，使用面料的薄厚、软硬和弹性与放松量的加放密切相关。

（3）制作要求，考虑制作过程中，由于熨烫、分割、面料缩水，会导致成品尺寸的变化。

一、夏装

（一）条纹夸张耸肩衬衫（图4-1）

1. 款式特征

较宽松款式，前后刀背式分割，门襟六粒扣，高底领的衬衫领。夸张立体褶五分袖，袖口加宽，圆台状袖克夫（图4-2）。

2. 成品规格设计（号型160/84A，表4-1）

衣长：身高×2/5+1cm，胸围：B^*+13.5cm，肩宽：胸围/2-8cm，背长：身高/5+6cm。

表4-1　成品规格表　　　　　　　　　　　　　　　　　　单位：cm

部位	衣长	胸围（B）	肩宽	领围（N）	袖长（SL）
尺寸	65	97.5	34	43.5	43.5

3. 制图要点

衣身：前中心加放适量呼吸量，前后衣身厚度共增加1.5cm，衣身的2/3省量转移至刀背式分割线，1/3省量转移至袖窿放松并开深袖窿深。

衣袖：采用一片袖，在袖山处设置分割线，并拉开放出所需的褶裥量，进行立体褶裥处理（图4-3~图4-5）。

图4-1　款式图

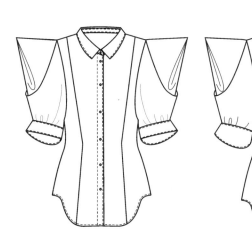

图4-2　平面款式图

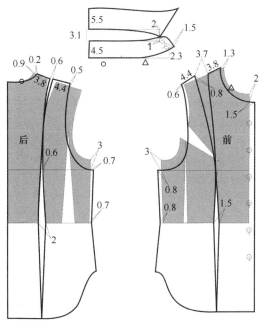

图4-3　衣领及衣身结构图

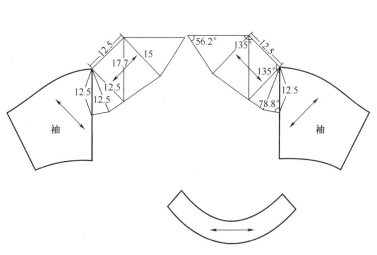

图4-4　袖结构图1

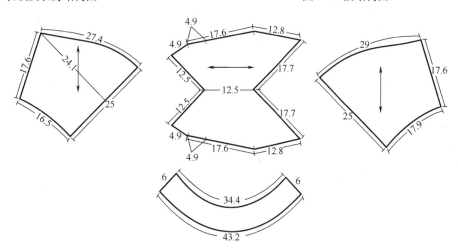

图4-5　袖结构图2

（二）无袖上衣（图4-6）

1. 款式特征

腰部以上至肩部为倒置梯型覆盖胸腰，无前侧片结构，内穿黑色抹胸，后片仅有披肩式平领；前中三角形斜门襟，腰部设分割线，腰部以下裙式下摆。两侧做立体褶处理，腰部合体（图4-7）。

2. 成品规格设计（号型160/84A，表4-2）

衣长：身高×2/5+4cm，背长：身高/5+6cm。

表4-2 成品规格表 单位：cm

部位	衣长	腰围（W）	背长	领围（N）
尺寸	68	75	38	41.5

3. 制图要点

衣身：采用披肩式平领制图方式，腰部以下合并腰省，展开下摆。两侧做立体褶处理（图4-8）。

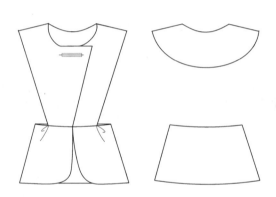

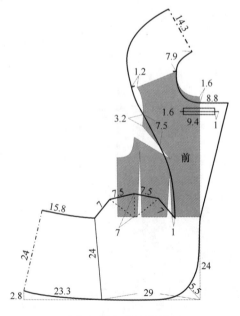

图4-7 平面款式图

图4-6 款式图

图4-8 衣身结构图

二、春秋装

（一）超短开衫（图4-9）

1. 款式特征

合体超短款式，衣身无省道。梭形水平分割中袖，袖体中部膨起，袖口收紧。前中开暗门襟，倒梯形领口（图4-10）。

2. 成品规格设计（号型160/84A，表4-3）

衣长：身高×3/10-8cm，胸围：B^*+7.5cm，肩宽：胸围/2+5cm（因是落肩袖，需要增加肩宽），背长：身高/5+6cm。

表4-3　成品规格表
单位：cm

部位	衣长	胸围（B）	肩宽（S）	背长	袖长（SL）	袖口
尺寸	40	91.5	47	38	24	28.7

3. 制图要点

衣身：采用无省结构方式处理，前衣身下摆合并全部腰省，合并袖窿省的省量转移到前中心。后衣身腰省量转移到侧缝。

衣袖：采用一片袖原型，作水平分割，将分割线处拉开放出所需的松量，袖口下缘收紧处理（图4-11、图4-12）。

图4-9　款式图

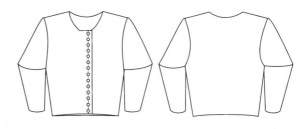

图4-10　平面款式图

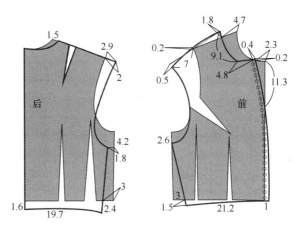

图4-11　衣身结构图

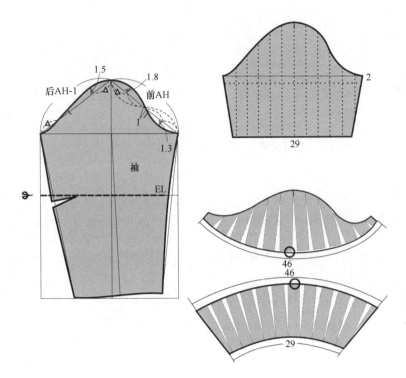

图4-12　袖结构图

（二）V领宽肩八分袖西服（图4-13）

1. 款式特征

较合体服装，V领。通肩公主线分割，前中衣片水平分割，双色面料拼接。两片西装八分袖，袖头加缎面挽边（图4-14）。

2. 成品规格设计（号型160/84A，表4-4）

衣长：身高×2/5-5cm，胸围：净胸围+9cm，肩宽：$B^*/2+4.4$，背长：身高/5+6cm，袖长：身高×3/10+3cm。

表4-4　成品规格表　　　　　　　　　　　　　　　　　　　　　　　　　单位：cm

部位	衣长	胸围（B）	肩宽（S）	背长	袖长（SL）	袖口
尺寸	59	93	46.4	38	51	33

3. 制图要点

衣身：前后衣片刀背分割，开深袖窿1.5cm，胸省、腰省及肩省的省量转移到分割线处。

衣袖：八分袖，按照袖身为合体型两片袖结构制图，袖山高根据原型采用前后肩均高的5/6。为较贴体类衣袖。袖口加配料挽边（图4-15、图4-16）。

图4-13 款式图

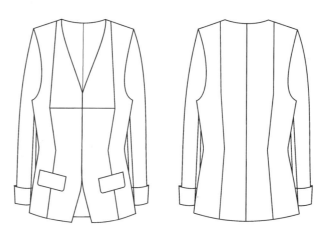

图4-14 平面款式图

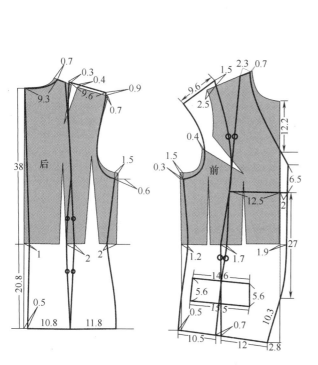

图4-15 衣身结构图

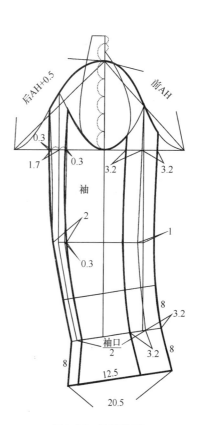

图4-16 袖结构图

（三）A摆插肩暗门襟短款风衣（图4-17）

1. 款式特征

宽松款式，A形下摆，前中暗门襟，浅圆领。对褶插肩一片式五分袖，袖口收束（图4-18）。

2. 成品规格设计（号型160/84A，表4-5）

衣长：身高×2/5+15cm；胸围：B^*+28cm；肩宽：B^*/2+2cm；背长：身高/5+6cm。

<table>
<tr><td colspan="7">表4-5　成品规格表　　　　　　　　　　　　　　　　　　单位：cm</td></tr>
</table>

部位	衣长	胸围（B）	肩宽（S）	领围（N）	肩袖长	袖口
尺寸	79	112	44	52	56	35

3. 制图要点

衣身：前后衣身省量全部合并，至下摆展开成A型。前中心放置适量呼吸量。

衣袖：插肩分割线设置在颈肩点上，合并前后袖中线，形成含有颈肩褶裥的一片式插肩袖（图4-19、图4-20）。

图4-17　款式图

图4-18　平面款式图

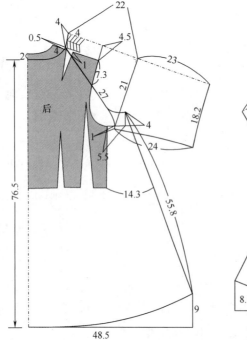

图4-19　衣身结构图

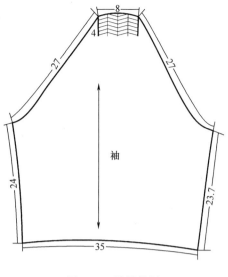

图4-20 袖结构图

（四）连肩袖方领茧型风衣（图4-21）

1. 款式特征

较宽松服装，连肩袖带条状插角，肋下前后设置分割线，收腰、束下摆，形成茧型廓型。前中暗门襟，方领（图4-22）。

2. 成品规格设计（号型160/84A，表4-6）

衣长：身高/2-1.5cm，胸围：B^*+19cm，背长：身高/5+6cm。

表4-6 成品规格表 单位：cm

部位	衣长	胸围（B）	肩宽（S）	背长	领围（N）	肩袖长	袖口
尺寸	78.5	103	39	38	41	69.5	30

图4-21 款式图

图4-22 平面款式图

3. 制图要点

衣身：按无省结构方式处理，1/3胸省转移至前中心，形成1cm撇胸，2/3胸省转至袖窿放松，前中心加放适量呼吸量，前后衣身分别在前后腋点向下作纵向分割线，在分割线上消除部分腰省，并收紧下摆，胸至腰作凹形弧线，臀至下摆的凸形弧线。

衣袖：直接在衣身上制作，采用23.5°肩袖夹角，取原型袖山高+0.8cm的数值绘制连肩袖。袖底与衣身重叠处采用条状分割，并与衣身的分割片连接为一体。袖筒后袖底缝线自肘部至袖口处前甩，配合前袖片肘部内收，从而实现符合人体手臂自然弯曲的效果（图4-23）。

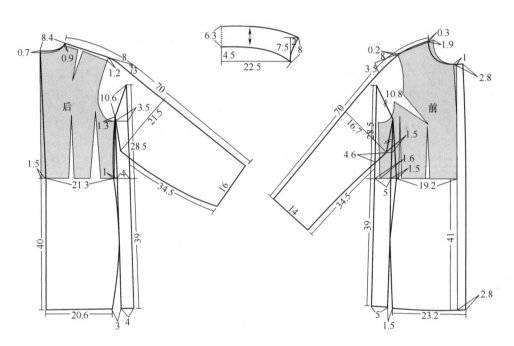

图4-23　结构图

三、冬装

（一）立领拼色花呢大衣（图4-24）

1. 款式特征

较合体服装，前身肩部至袖窿处设置异色方形分割片，后身设置育克，领子、兜盖，以及袖口为异色拼接。前后衣身收腰，下摆微张。前中暗门襟，高立领（图4-25）。

2. 成品规格设计（号型160/84A，表4-7）

衣长：身高/2+9cm，胸围：B^*+14cm，背长：身高/5+6cm，领围：B^*/2+7cm。

表4-7　成品规格表

单位：cm

部位	衣长	胸围（B）	肩宽（S）	背长	领围（N）	袖长（SL）	袖口
尺寸	89	98	38	38	49	58	28

3．制图要点

衣身：胸省量分别转移到前领、袖窿处设置的领省和袖窿省，省尖缩短，根据款式连省成缝，形成分割衣片。前后衣片设置纵向钉形腰省。7cm高立领，起翘2.2cm，直接制图。

衣袖：在衣身袖窿基础上制作，袖山高根据原型采用前后肩均高的5/6。前袖山斜线尺寸为前袖窿弧长，后袖山斜线尺寸为后袖窿弧长加0.4cm，绘制弧线，袖山吃势2cm，袖筒采用两片袖型，绘制成符合人体手臂自然弯曲的曲线（图4-26）。

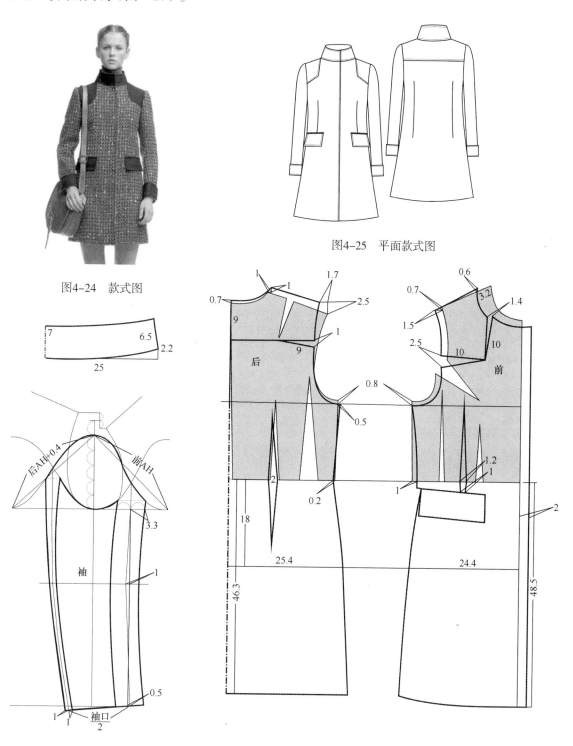

图4-24　款式图

图4-25　平面款式图

图4-26　结构图

（二）借肩皱褶袖高立领羽绒服（图4-27）

1. 款式特征

较合体服装，肩部内缩，袖山抽褶膨起，下接松紧罗纹。肋下前后设置斜向分割线，前侧纵向分割片收腰，下摆微张。前中暗门襟，高立领（图4-28）。

2. 成品规格设计（号型160/84A，表4-8）

衣长：身高/2+5cm，胸围：B^*+14cm（放松量）+3.5cm（羽绒充容量），背长：身高/5+6cm，领围：B^*/2+10cm。

表4-8 成品规格表 单位：cm

部位	衣长	胸围（B）	肩宽（S）	背长	领围（N）	袖长（SL）	袖口
尺寸	85	101.5	38	38	52	59.5	18

3. 制图要点

衣身：根据羽绒服的结构特点，在领窝、袖窿要加放足够的放松量，以满足充绒所需的容量。少部分胸省转移至领窝放松，大部分胸省转移至袖窿放松，同时在后袖窿增加与前袖窿相同长度的放松量以保持前后袖窿平衡关系。前衣身在腋点向下做纵向分割线，在分割线上消除部分腰省，形成凹形弧线直至兜位结束。9cm高立领，起翘1.5cm，直接制图。

衣袖：在衣身袖窿基础上制作，袖山高根据原型采用前后肩均高的5/6。前袖山斜线尺寸为前袖窿弧长加2.5cm，后袖山斜线尺寸为后袖窿弧长加3cm，绘制饱满袖山弧线，袖山抽褶量为10cm。袖筒采用一片袖造型，罗纹与袖筒的拼接处，设置有抽褶量（图4-29）。

图4-27 款式图

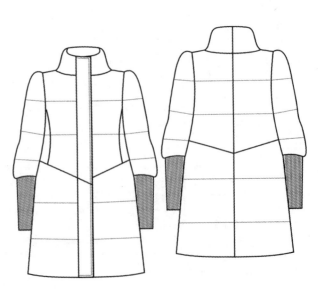

图4-28 平面款式图

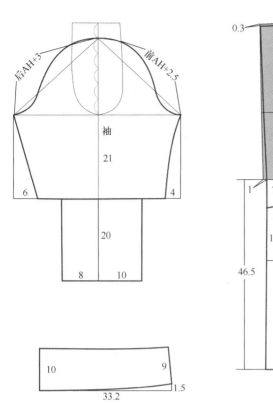
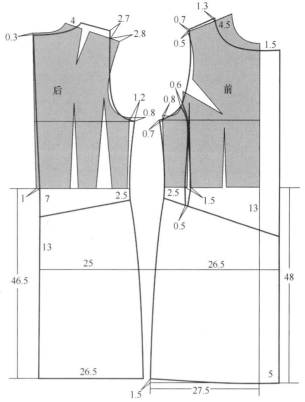

图4-29　结构图

第二节　裙装的结构设计

裙装的结构设计变化丰富，在设计中要注意以下因素：

（1）款式风格，确定款式造型紧身型、合体型、宽松型、拖裾型。

（2）面料特点，考虑使用面料的薄厚、软硬、垂度和弹性与放松量的加放。

（3）制作要求，考虑制作过程中，由于熨烫、分割、面料缩水，会导致成品尺寸的变化，特别是腰部成品尺寸容易变大。

一、半身裙（图4-30）

（一）斜分割A型褶裥裙

1. 款式特征

此款为A型超短裙，三片裙身，裙身设置倾斜方向分割线，分割线下做褶裥展开，侧缝装拉链（图4-31）。

2. 规格设计（号型160/66A，表4-9）

裙长：身高/5+12cm，腰围：W^*+2cm。

表4-9　规格表　　　　　　　　　　　　　　　　　　　　　单位：cm

部位	裙长	腰围（W）	腰宽
尺寸	44	68	6

3. 制图要点

采用原型合并腰省打开下摆，在裙片的臀围线向上5cm处，做斜方向分割，在分割线的两端设置上窄下宽的倒褶（上端褶量6cm，下端褶量12cm），进一步展开裙摆（图4-32）。

图4-30　款式图

图4-31　平面款式图

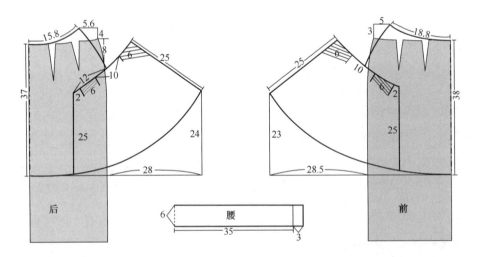

图4-32　裙结构图

（二）一侧拼接规则褶腰封裙（图4-33）

1. 款式特征

这款为H型廓型，左侧做弧线分割拼接规则褶，腰部设置流线型腰封及裙式腰饰（图4-34）。

2. 成品规格设计（号型160/66A，表4-10）

裙长：身高×2/5-2cm，腰围：W^*+2cm。

表4-10　成品规格表

单位：cm

部位	裙长	腰围（W）	腰宽
尺寸	62	68	18

3. 制图要点

采用原形廓型，裙长加长3cm，左裙片前后设置分割线，各做1.8cm宽规则褶八组，腰封部分根据成品尺寸直接制图（图4-35）。

图4-33　款式图

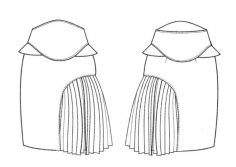

图4-34　平面款式图

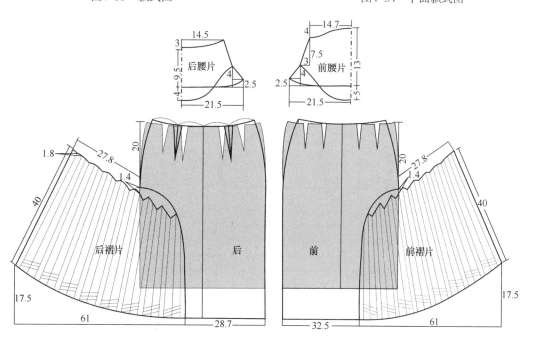

图4-35　裙结构图

二、连衣裙

（一）斗篷袖茧型连衣裙（图4-36）

1. 款式特征

宽松款式，腰腹部膨起，下摆收束，呈O型廓型。肩背呈斗篷状，臂根下方开袖窿，袖口收紧。后中开门襟，装拉链（图4-37）。

2. 成品规格设计（号型160/84A，表4-11）

衣长：身高/2+5cm，胸围：B^*+41cm（放松量），肩宽：胸围/2-0.5cm（落肩袖，需增加肩宽），背长：身高/5+7cm。

表4-11　成品规格表

单位：cm

部位	衣长	胸围（B）	摆围	肩宽（S）	肩袖长
尺寸	85	125	95	41.5	35

3. 制图要点

斗篷状肩背造型，后衣身较前片宽大，胸围放松量前后分配比值为1∶6。前后衣身省道全部合并，省量转移至腰部，侧缝线顺延至臀围线下5cm，逐渐圆顺向内收束成凸型弧线，下摆设置省道，省尖与侧缝最凸出处平齐，以塑造茧型衣身造型。

追加背长及后袖窿长使肩缝前移，采用落肩袖袖窿造型，强调包肩效果（图4-38）。

图4-36　款式图

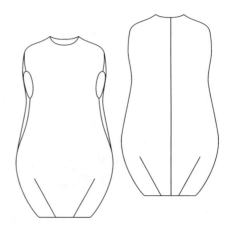

图4-37　平面款式图

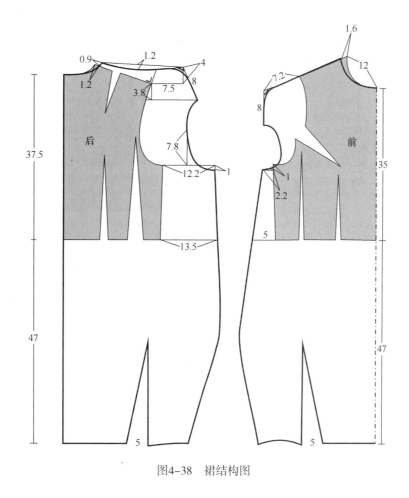

图4-38　裙结构图

（二）羊腿袖X型坦领连衣裙（图4-39）

1. 款式特征

服装为合体的X造型，低腰位装饰腰带分割，上片前后刀背缝，下片裙式衣摆，弧线门襟。一片宽松插肩中袖，袖山立体褶裥，袖口配饰收束。方领，板牙兜（图4-40）。

2. 成品规格设计（号型160/84A，表4-12）

衣长：身高/2+1cm，胸围：B^*+10.5cm（放松量），背长：身高/5+6cm，袖肥：胸围/5+1cm，袖口：胸围×3/10+6cm。

表4-12　成品规格表

单位：cm

部位	衣长	胸围（B）	腰围（W）	背长	袖口
尺寸	81	94.5	85.5	38	34.5

3. 制图要点

衣身：低腰位水平分割，上片前后弧形刀背分割，胸腰省在分割线内消除。下片合并腰省，拉展成裙式下摆，后衣身肩省合并在插肩分割线处消除，部分腰省在刀背线中消除。

衣袖：插肩袖直接在衣身上制作，肩与袖之间的角度通过褶裥消除，合并前后袖中线，形成含有颈肩褶裥的一片式插肩袖（图4-41、图4-42）。

图4-39 款式图

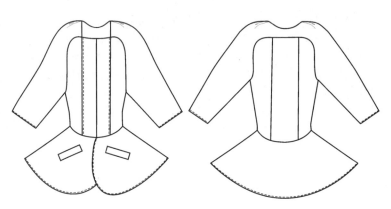

图4-40 平面款式图

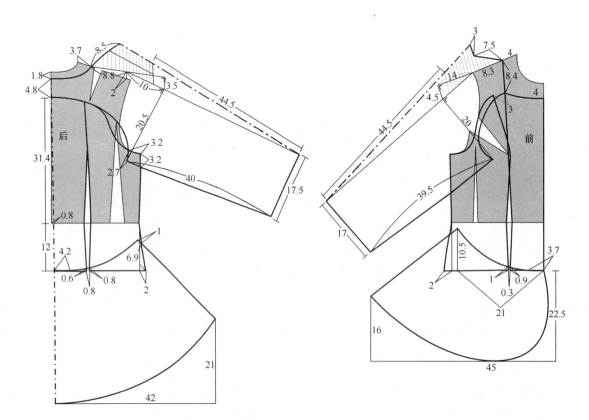

图4-41 裙结构图

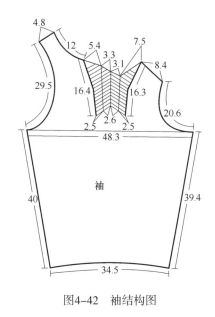

图4-42 袖结构图

（三）拼接A摆弧形西服领法式袖长连衣裙（图4-43）

1. 款式特征

紧身X型，落肩袖袖窿造型，溜肩，前片腋下省、腰臀至下摆梭形省，后片腰臀至下摆梭形省，塑造合体胸腰造型，下摆拼接蕾丝三角裆片，呈伞状展开。西服领，法式袖，袖口收紧。双排门襟，暗扣（图4-44）。

2. 成品规格设计（号型160/84A，表4-13）

衣长：身高×3/5+4cm，胸围：无放松量，肩宽：胸围/2-3.5cm（自然肩宽），背长：身高/5+6cm，肩袖长：后领中心点通过肩点直袖口长26.8cm。

表4-13 成品规格表 单位：cm

部位	衣长	胸围（B）	腰围（W）	肩宽（S）	肩袖长
尺寸	100	84	75	38.5	26.8

图4-43 款式图

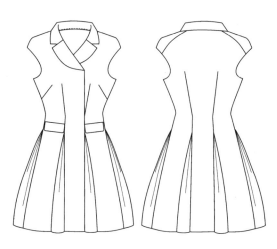

图4-44 平面款式图

3. 制图要点

衣身：前衣身省量分别转移到腋下、领、腰至下摆三个部位。后肩省转至袖窿分割线。

衣袖：法式落肩袖，延长前后肩线8.5cm，自肩点起将延长线向下旋转24°为袖中线。翻领倒伏度加大，配合设置凸弧形领省，形成柔和的弧度翻折线（图4-45、图4-46）。

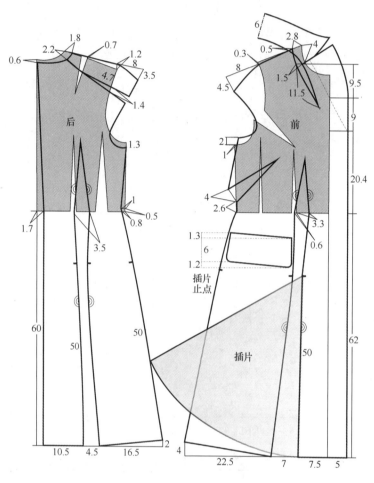

图4-45　裙结构图

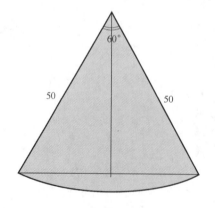

图4-46　下摆插片结构图

第三节　裤装的结构设计

裤装结构设计主要考虑以下因素：

（1）款式风格，确定款式造型紧身型、合体型、宽松型。

（2）面料特点，考虑使用面料的薄厚、弹性、挺括度和悬垂性。

（3）制作要求，考虑制作过程中，由于熨烫、分割、面料缩水，会导致成品尺寸的变化，特别是腰部成品尺寸极易变大。

一、合体裤

（一）翅状分割裤（图4-47）

1. 款式特征

较贴体类锥形裤，臀围放松量为10cm，高腰位，腰封式宽腰头。前、后裤片设置弧形分割线，插入双层翅状装饰片。两侧斜插口袋（图4-48）。

2. 成品规格设计（号型160/66A，表4-14）

裤长：身高×3/5+2cm，腰围：W^*+6.5cm（所增加的围度量），臀围：H^*+10cm。

表4-14　成品规格表

单位：cm

部位	裤长	腰围（W）	臀围（H）	上裆	裤脚口
尺寸	98	72.5	98	26	35

图4-47　款式图

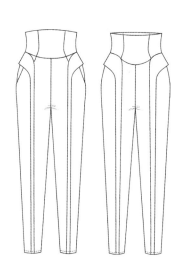

图4-48　平面款式图

3. 制图要点

在裤原型上作图，调整前后臀围宽，将腰至中裆部分下裆线、侧缝线分别前移1cm，使侧缝线更平顺。调整前后裆长尺寸差，减小前裆弧长，获得更为紧致合体的效果，同时后裆弧线增加倒伏量，以弥补所需的活动量。侧缝收掉余省，使服装臀部造型更加贴体。中裆增加1.2cm，脚口收缩1.6cm，获得流畅的锥形裤筒（图4-49、图4-50）。

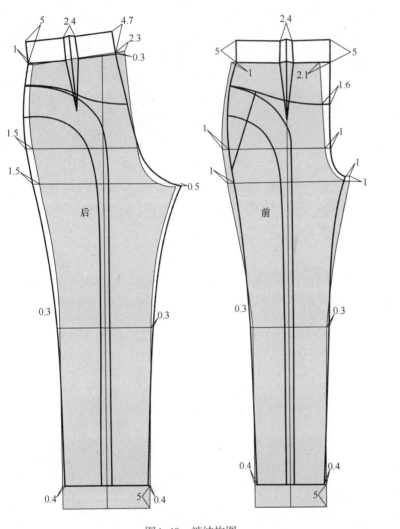

图4-49　裤结构图

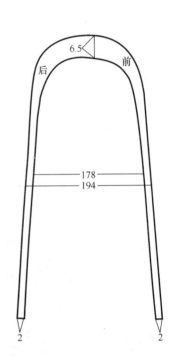

图4-50　裤插片结构图

（二）高弹曲线分割合体裤（图4-51）

1. 款式特征

高弹贴体裤，采用高弹面料，臀围放松量为-1cm，正常腰位，无腰头。前裤片设置弧形分割线（图4-52）。

2. 成品规格设计（号型160/66A，表4-15）

裤长：身高×3/5+1.5cm，腰围：W^*+4.5cm（所增加的围度量），臀围：H^*（88cm）-1cm。

表4-15　成品规格表

单位：cm

部位	裤长	腰围（W）	臀围（H）	上裆	裤脚口
尺寸	97.5	70.5	87	26	26

3. 制图要点

在裤原型上作图，由于采用高弹面料，臀围、横裆、中裆、裤脚口尺寸均缩小。前裆下落0.6cm，以增加裆长。减小后裆宽度同时增加倒伏量，以弥补所需的活动量。前裤片设置弧形分割线，腰臀差转移到分割线上。后裤片臀部无省，设有育克，通过育克使一省转移，余省在侧缝收掉（图4-53）。

图4-51　款式图

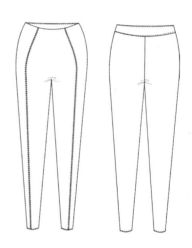

图4-52　平面款式图

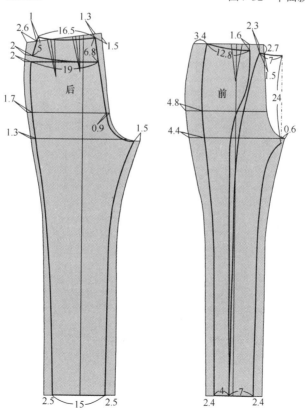

图4-53　裤结构图

二、宽松裤

（一）褶裥哈伦裤（图4-54）

1. 款式特征

腰部四组褶裥设计，正常腰位，无腰头，低腰位系腰带。臀围放松量为8cm。裤脚堆褶设计（图4-55）。

2. 成品规格设计（号型160/66A，表4-16）

裤长：身高×3/5+14cm（裤脚堆褶设计需增加长度），腰围：W^*+3cm（腰部四组褶裥设计+面料厚度需增加围度量），臀围：H^*+12cm。

表4-16　成品规格表
单位：cm

部位	裤长	腰围（W）	臀围（H）	上裆	裤脚口
尺寸	110	69	100	28	34

3. 制图要点

在裤原型上作图，前后裆深加长，裤长加长，收缩裤脚口。在前裤片上增加两组对褶褶量（包括省量）。后片臀围增加，同时增加倒伏量，增加放松量（图4-56）。

图4-54　款式图

图4-55　平面款式图

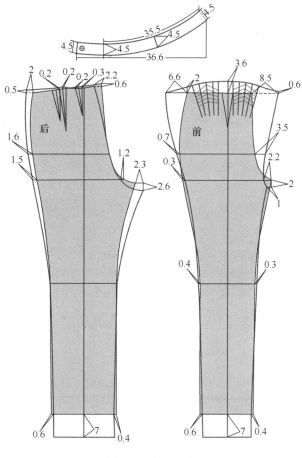

图4-56 裤结构图

（二）垂褶哈伦裤（图4-57）

1. 款式特征

低腰位、低裆位中长裤，腰部垂褶设计，臀围放松量为27.5cm。横裆宽松，紧窄裤脚口，侧缝直插袋（图4-58）。

2. 成品规格设计（号型160/66A，表4-17）

裤长：身高/2+7cm，腰围：W^*+6cm（采取标准的裆深有3cm的下落量，因此腰围需增加6cm的围度量），臀围：H^*+20cm。

表4-17 成品规格表

单位：cm

部位	裤长	腰围（W）	臀围（H）
尺寸	87	72	108

3. 制图要点

在裤原型上作图，增加前后裤片裆宽和臀围，同时大幅加大前后裆深和裆宽，增加放松量（图4-59）。

图4-57 款式图

图4-58 平面款式图

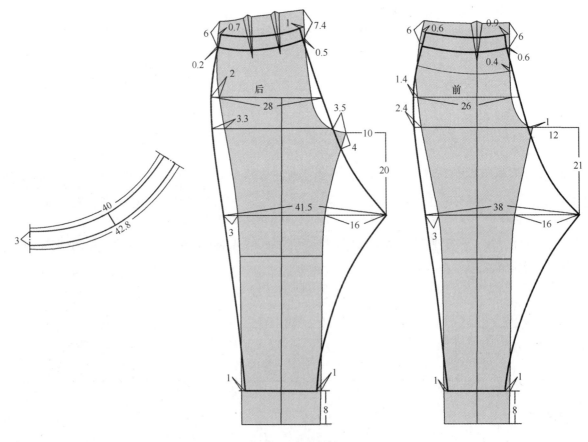

图4-59 裤结构图

本章小结

- 女装上衣的结构设计实例分析。
- 女装裙装的结构设计实例分析。
- 女装裤装的结构设计实例分析。

思考题

1. 寻找具有创意特色的服装成衣图片进行结构分析和设计。
2. 自行设计画出服装效果图，从效果图分析款式，进行综合结构设计。

参考文献

［1］中屋典子，三吉满智子.日本文化女子大学服装讲座：理论篇［M］.郑嵘，张浩，韩洁羽，译.北京：中国纺织出版社，2006.

［2］欧内斯廷·科博，维特罗纳·罗尔夫，比阿特丽斯·泽林，李·格罗斯.服装纸样设计原理与应用［M］.戴鸿，刘静伟，等译.北京：中国纺织出版社，2000.

［3］张文斌.服装工艺学［M］.北京：中国纺织出版社，2001.

［4］吴清萍.经典女装工业制板［M］.北京：中国纺织出版社，2006.

［5］刘瑞璞.服装纸样设计原理及应用［M］.北京：中国纺织出版社，2008.